U0351910

艺术坊

品味艺术 享受生活

The Environment

Art Appreciation

雅室·艺境

环境艺术欣赏

李砚祖 主编

李瑞君　梁冰　张石红　涂山 编著

中国人民大学出版社

·北京·

目　　录

第 1 章

—

从古希腊开始

—

　　人类的生存环境从几十万年前的天然洞穴到今天人工设计的环境空间，经历了一个相当漫长的演进过程。这里所陈述的西方古代室内设计，不是横跨五千年来人类建筑发展的全部历程，而是仅沿着从古希腊到文艺复兴这一条发展主线来作一次历史的返回之旅。文中所列举的并不代表人类全部优美设计的历史和典范，但我们是以开放的心态去认识从古至今所有设计的。

　　室内设计与建筑空间有很大的关联，室内设计主要侧重于建筑的界面及室内陈设设计，因此，本书所描述的设计史主要是室内空间设计及陈设的演变和发展史。

第一节　古典之风：古希腊、罗马时期的室内设计

　　古希腊和罗马的文化和艺术是西方艺术的源头，被西方学者称为古典艺术。古希腊、罗马艺术是早期基督教艺术和拜占庭艺术乃至中世纪艺术的基础。文艺复兴为获得个性尊严，它从古典中寻找借鉴，即从古典生活、道德、政治和艺术的方方面面去寻求灵感和启发。在中世纪以后的人的眼中，古希腊和罗马的艺术已经登峰造极，而巴洛克和洛可可风格也在沿用着古典艺术的精神，以古典为本才能成就其建筑典范。

"古典"这一称呼实际上意味着一种统一的风格。在这种统一中，额外的东西不能侵入，即使是局部的影响也不允许。在设计史上古典的设计和装饰艺术影响到视觉艺术的每个方面并扩展到建筑上的雕刻和绘画装饰方面，包括墙壁、天花、地面、纺织品、陶瓷、铁制品和珠宝的每一种装饰。古典风格主要采用自然形式，如人体、花和动物图案，或具象或抽象。在 18 世纪，法国建筑理论家阿贝·洛吉耶（Abbe Laugier）曾试图用他的"原始小屋"理论来描述古建筑的产生，他认为人们以树为起点，然后发展成了柱子、拱门，甚至还有柱式——多立克（Doric）、爱奥尼（Ionic）、科林斯（Corinthian）等。在科林斯柱式上的字母首先突出了逼真的叶形自然形式的装饰。

古典艺术中任何带有设计意图的人造形式都有着相同的表现语言，因而造成了视觉艺术在风格上明显的统一，这种统一对于 20 世纪丰富多彩的艺术形式来说似乎单调了些，但这种统一为设计和装饰提供了原则，这种原则从公元前 5 世纪一直延续到公元 3 世纪和 4 世纪。如凹圆饰柱的简洁性直接在古典服饰上得到了反映，也有的说凹圆饰柱本身就是基于人体比例而形成的。两者可能都采用了同样的装饰题材即小棕榈、毛茛叶饰等等，这些题材也会出现在墙壁挂饰、家具和其他的艺术品上。正是从这种统一的基础上发展了同类的古典室内风格。回顾整个设计史，我们看到除了洛可可和 20 世纪的最繁盛时期外，在历史上曾经达到如此的理想化程度的阶段很少，而这正是许多设计家们孜孜以求的梦想。今天人们经常将室内装饰的特质冠以独立和自我的风格，这实际上意味着我们失去了这种统一的风格。

在罗马时代，装饰主元素同日常生活，特别是宗教生活方面的联系非常紧密。这一时期的宗教渗透到了家庭生活的各个方面，不仅是以图画形式出现，而且表现在家具和其他艺术品的细节上，这样的渗透在以后的西方文明中再也没有出现过。诸如：罗马诸神出现在灯具、餐具以及地面、天花和墙壁上，如维苏威城的壁画就充满了这些神的形象。与这些神像同时出现的还有房主人的肖像画，它们结合得如此自然，以至于文艺复兴和巴洛克时期夸张的圣像与此相比就显得非常沉闷和单调。

一般而言，罗马时期室内设计的许多特点均由希腊室内设计发展而来，但不同的是希腊早期的房屋看上去比较简朴。从希腊的壁画中我们看到，走廊以及天花的装饰不多，这从托罗尼湾附近的奥林索斯（Olynthus）古城中挖掘出来的一些地面和墙壁遗迹可以得到足够证实。

希腊早期的大部分房屋内部都涂有颜色，红色是最受欢迎的颜色之一。在为纪念赫库兰尼姆 200 周年诞辰而建的大厅里有一种由黑白马赛克镶嵌装饰的地面和红墙，从这里可以略见早期希腊室内装饰风格的一斑。在希腊，壁面多装饰以蛋胶壁画，壁画以红色为主，护壁板则多为白色或黄色，有时也采用白、黄和赭红三条水平色带作装饰。稍后，又出现了所谓的"结构"或"砌墙"风格，这种风格采用壁柱浮雕来模仿方石砌墙，并常绘以生动的色彩。在所谓第一庞贝壁画风格中罗马人直接采用了这种方法。

在奥林索斯发现的大部分房屋，其年代可以追溯到公元前15世纪。许多地中海房屋的底层地面都为结实的硬土，有的则为木地板。贫民住宅一般为泥土地面，但在豪宅里，常常是木地面，有时是石板地面。属于古希腊建筑式样的德洛斯（Delos）建筑，它代表了前罗马时期世界上的大部分成熟的建筑式样。夯土地面是粗糙的，但可以与装饰优雅的墙面和加工良好的家具配置在一起并形成特色。在埃伊纳（Aegina）一个牧师的家里，地面被涂成深红色，墙面则涂成纯白，一米高的墙裙是红色，这种做法在古希腊室内屡见不鲜，而这种或红、或白或黄的墙裙，成为精致家具的一种完美的衬托。

在奥林索斯，一些豪华住宅中仍保存有镶嵌马赛克的原型。古希腊时期迅速发展起来的镶嵌技术，在罗马时代得到了更广泛的应用。最早的镶嵌装饰由光滑的小圆石即河边的卵石组成，常用黑白色，有时也有灰色和红色。而最喜爱用的图案是在方形中嵌圆形，方形的轮廓为波纹线或蜿蜒曲线，圆圈内还要加以装饰图案。随后，神话题材出现在人行道的装饰中，小的碎石片也可能嵌进去，它们光滑的表面可以增加闪烁感，极小的卵石被用在更细微的部位。这样的地面图案后来又反映在地毯设计中，并在罗马帝国时期的室内设计中得到进一步发展，这些图案同时也表现在地面和天花上，富有一种象征意义。与希腊时期复杂的镶嵌装饰相比，奥林索斯的镶嵌显得非常简单，可能仅用一种小圆石做面材，而后来发展的镶嵌装饰才逐渐使用更多的材料。

希腊和罗马式地面镶嵌装饰方法在古希腊早期就已出现，如用地面镶嵌工艺来突出床或长餐凳等家具的重要位置。随着卵石镶嵌工艺水平的提高，这种技术表现出了更高的水准，如公元前 300 年的古代马其顿首都派拉就出现了色彩极美的镶嵌装饰，并留有艺术家哥诺斯（Gnosis）的亲笔签字。以蓝色、棕色和黄色的小圆石为主，同时也配有传统的黑白图案，它们表现了完美的透视关系，并富于深度感和运动感，这可能反映了当时绘画的发展情况。

当时希腊人很少使用家具，因此，留存下来的希腊家具数量不多，但很有特点。其中有些家具来自埃及或近东地区，更多的是希腊人自己的发明创造，它们是一种优雅的高水准的家具设计艺术。床用来睡觉，也可用作进餐时的倚靠物。室内更常见的是座椅，它们的比例极其标准，镶有珍贵材料，或者彩绘装饰，并覆盖着纺织的垫子。

在现今保存下来的希腊瓶画中可以看到当时的椅子、长凳（图1—1）和墙上各种织物装饰的形式。当时的纺织品被每一阶层的妇女所使用，并被看做家庭稳定的一个象征。在克里来亚半岛上发现的希腊时期的织布表明当时的织物已经有图案设计，这些图案有时用刺绣方法或绘画手法加以体现，所采用的题材并不局限于装饰图案，而涉及历史神话题材，这成为罗马壁挂和中世纪挂毯产生的根源之一。

图1—1　古希腊瓶画

这一时期，羊毛和亚麻得到了广泛使用。绿、橙黄、金色、紫罗兰和深红深受人们的喜爱。很早以前，紫色就与高贵相联，普林尼称它为"天国之色"，维特鲁威认为"紫色，在价值上和效果上远远超越了所有其他的颜色，它来自一种海贝"。有些织物是刺绣的，完全复制古典图案，包括卷曲纹样、几何图形和风格化的动物造型，其他的纺织品或被彩绘，或采用一种综合技术加以装饰。毫无疑问，这样的织物以高度的技巧和精细的风格装饰着那些简单的区域，就如希腊的花瓶所起的作用一样。

在希腊室内门由布帘所替代（中世纪时才发展了室内门）。在希腊和罗马房屋中最重要的家具是床，上面悬挂着刺绣床帏。

希腊室内的天花受宗教建筑的影响很大，在希腊早期，所有的天花基本上是平的，像雅典的帕提农神庙中的天花，或木制或大理石制。普林尼说保西奥斯（Pausios）是第一个彩绘平天花的人，在他以前的时代（公元前 4 世纪），彩绘天花很少出现。由于希腊很少有大树，因而装饰中用大量的木材意味着富有和豪华。

所有在希腊时代形成的思想，特别是奢华思想，在共和后期和帝国时期的罗马都达到了顶峰。正如 18 世纪的法国一样，贵族的趣味要求不断地更新，罗马人的趣味发展飞快，当趣味变化时，许多室内都要重新进行设计，用一种风格代替另一种风格，特别是更新壁画，这是最为常见的现象。

公元前 27 年，罗马进入了一个奢华的时代。通过与希腊的接触，罗马艺术深受其影响并逐渐扩展开来，当时室内所运用的材料即使是在今天仍被视为奢侈，如马赛克、高档地砖和各种大理石。

除了女神、走兽、飞禽、面具、肖像等题材被用到了镶嵌马赛克中以外，在设计中还强调地面与天花之间的精确关系，有时，肖像马赛克被放在抽象图案中间，被称为马赛克镶嵌画。

在奥古斯都时期，色彩对比明显的几何图案深受欢迎，这种几何设计既照顾到了室内的比例关系，又加强了建筑的吸引力，因而得到广泛的使用。罗马时期大理石制品品种多样，图案丰富多彩，瓦片状的彩色大理石也被广泛运用。

公元1世纪的装饰壁画中使用的马赛克几乎与大理石同样多。铺地用的马赛克与墙壁和拱形圆屋顶上的马赛克不同，地面马赛克参照特塞拉小块镶嵌法，墙面或拱形圆顶上的马赛克使用一种拼花方法。

为了适应日益发展的墙壁和拱形圆屋顶的装饰需求，罗马人发明了很多新型材料。在玻璃马赛克中混合金色或彩色时会闪闪发光，而马赛克的使用既加强了混凝土新拱形圆屋顶的装饰效果，又掩盖了结构之间的接缝。很自然地，玻璃马赛克成为大部分复杂的室内装饰用材，如尼禄的金屋，金色玻璃马赛克就是在金屋中最早展现出来的。

其他的材料包括黄色、白色或蓝色曲形玻璃条、碎玻璃、云石和浮石矿石、贝壳——特别是尖的油螺和海扇贝。此外有一种用细砂浆制成的颜料——埃及蓝也非常流行。马赛克不仅被大面积使用，而且用于单个的装饰部分。在哈德良别墅中发现了一组八个马赛克壁柱；在庞贝，镶嵌的马赛克从房屋的前门就可瞥见，如大公爵的房屋和赫库兰尼姆的尼普顿（Neptune）和安菲特律特（Amphitrite）海神庙中都是如此（图1—2）。这显示了拥有精致马赛克的荣耀以及罗马人对空间和色彩的追求与热爱。通过强烈的光影对比，使马赛克光芒闪烁，这使人联想到巨大的罗马公共浴室的室内。

图1—2　尼普顿和安菲特律特海神庙墙壁上的
马赛克镶嵌（庞贝）

古代罗马的壁饰一直是人们注视的焦点，它丰富的内容和形式形成了最美、最具创造力的室内装饰。最初的壁面装饰强调墙的平面结构特色，但后来的壁面装饰越来越打破了现实和幻象之间的界线，创造了错觉效果，即在墙壁和天花上运用绘画效果形成建筑构件或其他构件的立体感觉。建筑独立于它的装饰之外，由分开的部件组合而成，并时常用装饰人物、风景和其他题材围绕四周。后来罗马绘画的发展正是以这种富有幻想力的因素为主要特点而展开的。

罗马壁画中最突出的特点是色彩亮丽，其中一种涂色技术只局限于某种颜色，如朱红色，常用于露天墙面的大理石、木材或象牙上，或以"炫目的白色为荣耀"，要施以彩绘。这样，抹有砂浆的墙壁将不会出现破裂或任何其他缺陷，而且经过打磨加工后，不仅有坚固的特性，表面非常光滑，且打磨上去的色彩光亮无比。正是由于艺术家们采用了这些工艺，并为中和石灰的腐蚀性而在墙面材料中小心地加入了适当比例的脂肪，庞贝壁画才得以完好地保存下来。有时，工匠们也将小的装饰画置入嵌板或横梁支撑的天花上，从而使得天花的造型更加丰富（图1—3）。

图1—3 秘密宗教会社别墅壁画
（庞贝 约公元前50年）

古希腊时期室内门和窗户的
处理方法是，小窗子通常以木制
光滑窗板做活动遮板，用来遮光
或防盗，而较大的窗子经常有铁
格子，或者用石头、赤陶或是小
的大理石块做成格栅，有时在格
条里放置星形金属。玻璃窗相对
来说是一个后期的发明，居住在
英国的罗马人很快意识到必须改
变他们通常的做法，窗子既要挡
住寒气和防盗，又要让更多的光

图 1—4　卡萨·桑那蒂卡庭院
（赫库兰尼姆遗址）

照进来。因此，在城镇房屋建到第二层时，窗户便安全地扩大
了。在罗马的露天庭院中窗玻璃的引进起着重要作用（图 1—
4），有了窗玻璃，面向海边的别墅就能直接地观赏到漂亮的海
景。较小的窗子是一块玻璃，较大的窗子由很多块矩形玻璃镶
进木框或铜框架之中而成。当时的玻璃由几层云母混石膏粉烧制
而成，普林尼称之为"天青蓝镜"。窗子一般都被安在有良好采光
条件的墙上以保证光线射进，或使房中的某个区域保持稳定的亮
度，在这里通常都摆放着一张主人喜爱的绘画或其他艺术品。

在所有帝国住宅中，最具想象力的是尼禄皇帝于公元 64
年在罗马的埃斯奎利尼山丘（Esquiline Hill）的斜坡上为自己

修建的殿堂金宫。它位于罗马中心的一块地势起伏被称为"都市里的乡村"花园地——马提雅尔（Martial）中，由建筑师塞莱尔和塞维鲁（Severus）所设计。金宫是"转变屋"的发展，早在"转变屋"中，尼禄就表现出对华丽装饰的兴趣，如采用昂贵的大理石做地面，设计多种多样的图案，壁画上还镶有宝石。"转变屋"的许多装饰特点都预示了金宫的特点，金宫的名称源于其正面是镀金的，这也决定了屋内的金色调子。金宫中所有的房间都光彩灿烂，很少有能与金宫的华丽相媲美的宫殿，它采用了各种著名的罗马式装饰方法，从而震惊并取悦了所有的来访者。

图1—5　"丘比特与普绪喀厅"内景（奥斯蒂亚）

金宫是在前半个世纪中发展起来的混凝土结构的基础上建立起来的。古罗马的混凝土不像现代的混凝土，它只是各种软混合物只能水平铺设的砂浆。它的外观并不重要，因其表面总是覆盖有大理石、马赛克或者是石膏（图1—5）。在这些装饰物下面往往还有方形石块或砖，一旦固定，就形成了一种强有力的结构，能支撑重量更大和更复杂的上层混凝土结构，如万神殿的建筑。

尼禄金宫中装饰最明显的特点之一是天花上的帐幕图案。这些图案源自埃及甚至罗马权贵们原先悬挂在头上方的织毯。悬挂在空中的紫色毯子遮住了太阳光，在毯子中央绣有尼禄驾着战车的图案，金色的星星在他的周围闪闪发光。后来，宇宙玄想式的图案也被采用，出现了时间之神与其他的神秘星座神，如丘比特、维纳斯、马尔斯和勒达-卢娜这四颗星星组合成的命运和时间的象征图像。

金宫中最为灿烂的还有浅浮雕造型的灰泥粉饰，这种艺术在1世纪和2世纪时得到了充分发挥。在墓室、地下室和洞穴中都留存了一些实物。其中，法尔内西纳别墅（罗马自然博物馆）的这种装饰尤为优秀，这些装饰明显突出了人物形象，配以风景和抽象的植物叶子图案来装饰四周；拉蒂纳路上的瓦莱里墓的装饰也很优秀，拱形顶上充满了由模铸成形和雕刻成方形和圆形的人物、图案和玫瑰花饰。而最为生动、大胆又纯净的表现了这种风格的典范是潘克拉齐陵墓（图1—6）。这种

图1—6 潘克拉齐陵墓（细部）
（罗马 公元2世纪）

类型的浮雕装饰结合了绘画，启发了后来的艺术家，如文艺复兴时期的乔瓦尼·达·乌迪内（Giovanni da Udine）和 18 世纪的罗伯特·亚当（Robert Ada）。每幅壁画中采用的方法之多很难描述，强烈的色彩区域因白嵌板中心点缀着的小题材绘画或风景画而得到了完美的平衡，表明工匠令人震惊的创新。

古典柱式在当时仅限定在宫殿中的大接待厅，并没有得到广泛应用。虽然在罗马帝国时代创造了伟大的室内环境，但室内环境中用的方法仍然是公元 1 世纪中期发明的基本方法。正如我们所看到的那样，甚至是早期基督教和拜占庭世界，都只能重复使用罗马人已完善的思想去进行满足自己需要的设计。

第二节　拜占庭和中世纪的室内设计

　　在艺术史和文化史上，"拜占庭"是与无与伦比的精湛、奢华、复杂以及壮观的宫廷礼仪联系在一起的。如果说古罗马尼禄皇帝的金宫刺激了我们对奢侈生活的想象，那么拜占庭皇帝在室内布置上会更让我们吃惊。拜占庭在罗马帝国和中世纪之间搭起了一座桥梁，在公元 4 世纪，君士坦丁大帝以自己的名字命名首都，从此君士坦丁堡一直都是东罗马帝国和希腊帝国的中心，一直到 15 世纪它落在土耳其人手中。在君士坦丁堡，罗马高度盛行的豪华意识与希腊宗教神秘主义结合在一起，又渗进了伊斯兰教的华丽风格，从而形成了一种更加奢华的风格。在拜占庭时期的社会中，礼仪活动起着前所未有的重要作用；在拜占庭的室内装饰中，正如拜占庭艺术一样，存在着一种局限在东正教内那种延续古典文化的愿望。几乎所有的主要建筑都在很大程度上依赖于宗教礼仪，而伊斯兰教的象征性抽象艺术更推动了建筑的宗教化。

　　拜占庭室内设计本身没有实物残存下来，历史叙述的两个来源：一是克雷莫纳（Cremona）主教利乌特普兰德（Liudprand，922—972）写的《君士坦丁堡使节的叙述》，他是奥托皇帝 968 年派往拜占庭的外交使节；另一来源则是君士坦丁七世波菲罗格尼图斯（Porphyrogenitus，913—959）的两本手稿即《礼仪》和《法规》。尽管如此，人们还是能够从镶嵌马赛克形式严谨的细节以及在拜占庭帝国的外围（如威尼斯、西西里和西班牙）使用拜占庭风格的残存实例中，管窥有关拜占庭时期的室内风貌，一瞥那遗失的辉煌历史。

由君士坦丁大帝规划的君士坦丁堡在 6 世纪时被查士丁尼（Justinian）重建，以后又在马其顿、康尼努斯和其他的朝代进行过改造。除了圣索菲亚教堂（Holy Wisdom）和其他宗教纪念物被留存于世外，所有的其他建筑几乎都已消失殆尽了。皇帝的以及贵族和商人的大宫殿，也没有留下任何蛛丝马迹。

君士坦丁城是中世纪的最大城市，在其鼎盛时期有 100 万居民，其中，有 2 万居民住在大宫殿中。在这个奇特的社会里，市民们有东正教的信仰，说希腊语。由于当地缺乏好的石料，砖是该城的主要建筑材料。尽管如此，独特的拜占庭审美风格还是要求在砖的表面覆盖灰泥、石面或大理石。正如先前的罗马人一样，拜占庭人从他们所知道的各个地方进口大理石。他们铺设大理石的技术也很高明，先将大理石切得尽可能的薄，然后并排放置于表面上，以使纹理能被反映出来，这种方法不仅产生了良好的视觉效果，而且是非常经济的方法，特别是要覆盖大面积时更是实惠。这种装饰中计算的精确性和重复的韵律效果反映了拜占庭人的审美取向——对稳定和变幻的自然趣味的喜好，以及他们理性而有节制的思想。比例、韵律、秩序、纹理和光影——所有这些都源于古希腊和罗马艺术，在这里则充满了情感和智慧，一种神授的智慧。在这种智慧中，艺术是神的一种神秘反应。这种艺术与宗教的融合形成了拜占庭室内装饰的特点。

在住宅建筑中，源自罗马的风格特点起了主导作用。平滑的立面被柱子、壁柱、嵌线等连接和装饰起来，而简单的桶形或者弧棱顶则让艺术家和镶嵌工匠们有着更大的创作自由。贵族和富有阶层的住宅有着无窗户的临街正门，中央方厅或庭院由铁门或铜门森严地围护，以防止暴徒的侵入。罗马房屋具有开放性特点，像尼禄的金宫那样重要的宫殿中，柱廊上曾都有打开的大窗户，但在拜占庭时期迅速地被淘汰了，这时的房屋变得日益具备防侵犯性能。主要起居室在第一层楼，有木梯或带装饰的石梯。中央大厅是建筑的核心所在，有带屋顶的花房、草地和阳台，以便呼吸到来自博斯布鲁斯海峡的新鲜空气。成排的温暖房屋，悬挂着窗帘，并带有砖垒的壁炉，这些都有助于驱除潮湿的冷空气，潮湿的冬日气候被阻在海湾中，这使生活在拜占庭城市的人比起生活在欧洲的其他部分城市的人都要健康得多。

大宫殿坐落在城市的最东端，位于博斯普鲁斯海峡和金角之间。它的豪华反映出上层阶级在建筑和室内装饰方面的追求。大宫殿是由许多独立建筑组成的，设有公共宴会和执行判决用的公共接待厅，以及给牧师们使用的带办公房的教堂和小礼拜堂，还有营房和门卫房以及帝国行政厅。为大宫殿生产各种装饰材料的工厂得到了皇帝的直接资助，它们生产所有用于宫殿中的装饰材料——马赛克、大理石雕刻和丝绸以及一些奢侈物品，如象牙、金银工艺品，以体现高水准的艺术生活。在宫殿宏伟的平面规划中还有藏宝处、军械库、花园、马球场和帝国家庭成员住的私人住宅。

宫殿的主要入口是黄铜厅，黄铜厅有着巨大的黄铜门，黄铜门很可能首先是分片铸成，然后固定在木架上，因为铸造整块的门太难，这样的门曾从拜占庭出口到巴尔干和意大利，并且在法国和德国被复制。厅内天花板上嵌有黄铜和马赛克，墙面上装饰有蓝色纹理的白色大理石，并间或用绿大理石和红砂石来加以补充点缀。入口上方立着两只黄铜铸成的马，据说它们栩栩如生可以乱真，竟使得真马也不敢在皇帝宫殿的门口嘶鸣。地面中心有一圆形细纹硬石板，在板上刻着欠债记录，在大赦的时候皇帝会举行仪式将这些记录烧毁。

通过这种具有戏剧效果的入口，还可见到另外几个主要的宫殿，这些宫殿不断地被重建、扩大和装修，它们在效果上与土耳其的皇宫或莫斯科的克里姆林宫相类似。在这些宫殿中，大厅是必不可少的，沉重的宗教气氛为无处不在的圣物所强化。

在大布雷兹宫殿中有一最著名的厅，里面有数学家利奥（Leo）为狄奥菲卢斯皇帝制作的大御座。在这里，摆放着皇帝的最有价值的财产，像随时准备为他的拜访者们举行最豪华的仪式。拜访者会看到皇帝穿着华服坐在御座上，但是在俯伏之后抬头看时，他们又会发现不仅是御座不可思议地悬浮在半空中，而且皇帝也穿着不同的衣服，同时在御座两边的镀金机械狮子发出吼声，并且猛摇着它们的尾巴。厅的中央立着一棵镀金的法国梧桐权杖，权杖上缀满了张开翅膀放声歌唱的机械鸟。

在拜占庭时期，罗马人餐厅里用的长椅仅用于仪式。如著名的帝国餐厅是设有 19 张长椅的大厅，两边的墙各设有 9 个壁龛，每个壁龛里都有一张长椅。木质天花板呈锯齿状的八角形，刻有葡萄叶子和植物的卷须图案，并闪着金光。镀银铜链的枝形吊灯架呈金黄色，地面上覆盖点缀着玫瑰花瓣的地毯。

斑岩房是用斑岩装饰的房屋，这在每一个帝国家庭中起着非常重要的作用，只有在这间房间里出生的人才能登上王座。其中有斑岩护壁装饰的立面，斑岩柱子支撑的天花板、紫色丝绸挂饰。有些比较小的房间用银箔和乌银镶嵌地面——这是一种硫与银构成的深黑色合金，如同马赛克、大理石或银铺饰的地面一样有震撼的效果。条纹玛瑙地面被磨得像冰一样光泽，白色大理石或被切割得非常薄的雪花石膏石或滑石装饰的窗子，由这纯白光所造成的错觉，使人感觉像是置身在冰河的中心。

拜占庭人很推崇异国情调，大宫殿中的中央半圆厅就是一个范例。这间有二层高和一个三叶饰圆屋顶的房间，可以将回声传到楼下。东方的影响不仅反映在一些房屋的名称上，如珍珠塔、爱之屋、和谐厅等，而且装饰的曲线和图案与阿拉伯文字相连，如马赛克镶嵌中的鸟和花，精致的金银细工、大理石和木雕刻都显示着东方的影响。旋转式的楼梯饰有绿、红和蓝色上釉瓦片，波斯式的星星几何图案和木制多角形布满了顶面。

像罗马室内装饰一样，纺织品的广泛使用使得大理石和马赛克装点的宫殿更趋舒适。大幅的窗帘常用挂杆悬挂在两个拱形之间，打开窗户时，窗帘可以束在柱子上，窗帘长度以挂到墙裙位置为宜。当时还流行从波斯和远东进口的地毯，长椅、凳子和御座常饰以褶纹织物，并加有高高的坐垫。丝绸礼品表明了当时丝绸制品高质量的设计和完美的色彩配置。然而，有一个惊人的对比是，尽管拜占庭的室内体现了他们对金、银、大理石和珍贵宝石工艺处理方面的精湛水准，但在上釉陶瓷方面，却表现出工艺和技术的粗糙简陋。

拜占庭皇帝对修建华丽宫殿所用的装饰产品实行严格控制，使之保证了一种持续的高水平，并使拜占庭装饰风格广泛地受到西方人青睐，拜占庭风格的艺术最终成为罗马帝国与中世纪之间的转折点。虽然很难确定中世纪开始的确切日期，但在公元800年的圣诞节时，法兰克国王查理曼（Charlemagne）被教皇利奥三世冠以罗马西部的皇帝称号，成为罗马帝国衰落后的一个重大转折点。它标志着野蛮人侵导致的骚乱时代的结束，也标志着中世纪及其艺术、等级严明的社会秩序和严肃的宗教方式的开始。

"中世纪"这个词总是被宽泛地界定为从 9 世纪到 15 世纪的整个阶段，封建制是这一时期社会的主要制度。也许这种泛泛的界定实在是过于简单了，实际上封建制度发展到 11 世纪时已经开始瓦解，所谓的"中世纪"包含了一个罗马式的开始和一个哥特式的结束。甚至连哥特这个词也需要小心地对待，因为它用于 16 世纪到 17 世纪宽泛的时间段中，并且贬义地意味着前文艺复兴和意大利风格。

在设计史上，中世纪室内设计的特点似乎容易概括，但却很难找到好的例子去证实。用单个的例子描述艺术中的象征或怪异的室内设计，必须有整体观察的基础。但人们掌握的可靠的详细资料，大部分来自中世纪的最末期，其中包括英国皇族在威尔特郡的克拉伦登（Clarendon）狩猎时居住的房子和一些考古实物记载；壁画作品如兰布尔兄弟的《一月》（图 1—7）也展示了这一

图 1—7　兰布尔兄弟的壁画
《一月》（约 1415 年）

时期的室内细节。1459 年约翰·法斯托尔夫逝世时建成的凯斯特城堡（诺福克）也极好地展示了中世纪室内使用的装饰材料和织物。不仅在英国，在法国南部阿维尼翁的教皇宫殿，以及在意大利佛罗伦萨的达万扎蒂宫都为研究地中海地区的中世纪室内设计提供了进一步的资料。

基督教、封建制度和统治阶级的巡游生活方式，是对中世纪的室内发展起着决定性作用的三个因素。4 世纪，君士坦丁大帝将基督教定为国教之后，宗教开始拥有世俗权力，主教和修道院院长成为拥有大片土地的地主，并且有能力进行大规模的建造，他们对建筑师、艺术家和工匠们的赞助远非世俗的君主能比。哥特风格的基督教建筑也为中世纪的统治者所喜爱，但是他们对上帝和神的象征及尊重阻止了这种哥特式风格在世俗建筑中的大量使用。然而不管怎样，10 世纪和 15 世纪法国宫廷复杂的高水平装饰仍浓缩了中世纪的所有成就。围绕君主生活每个方面的仪式和崇拜行为都出自宗教，并且通过周围的布置表达出来，这样的思想一直保留到法国大革命爆发之前。

中世纪地主们的生活风格不可避免地被他们的佃户家臣所仿效，他们紧挨着主人居住。由于战争危险日益逼近，统治阶层在住宅周围设置了高墙以保安全。城堡中房屋、高楼、塔和花园，都被防卫起来，因而对安全的过分重视妨碍了这一时期室内装饰的发展。

在中世纪，各阶层巡游的生活方式，使当时最高级的住宅也都无法拥有永久性的室内装饰。没有什么家具或装饰，特别是易碎的或是有价值的财物能被长久保留下来（法语"家具"一词本身就意味着移动，房子与家具的区别正是它的"不可移动"的含义）。生活中的所有舒适物品都必须是可移动的，陈设既不可能固定也不可能是大型化的，因此相对说来，中世纪室内看上去并没有过多装饰。因为中世纪的生活是极其严谨化的，甚至在最上层阶级中都是如此。

被称为"新君士坦丁大帝"的查理曼大帝，建立了西部帝国，作为拜占庭东部帝国的一个补充，他将亚琛（Aachen）作为他的主要居住地，在那里，他建了一座大宫殿。在宫殿中有一八角圆顶的长方形教堂，其大理石柱子来自拉韦纳的总督府。查理曼大帝天真地想象他的宫殿反映了他正创造的罗马帝国的辉煌，它的大厅为长方形，带凹室，有二层窗户，木屋顶。宫殿的主体部分由一露天长柱廊与小教堂连接，柱廊的中间有一座像塔一样的亭子。宫殿的其他陈设和室内设计的特点，通过公元820年在兰斯（Rheims）的《乌德勒支赞美诗》（Utrecht Psalter）手稿，大大地拓展了我们对它的了解。手稿描述了窗帘用带环悬挂于上拱之间的横杆上和拜占庭式卷起或束在柱子上的使用形式，以及精致的灯饰由链子自天花悬下的记录。

这一时期中另一重要的室内例证存在于西班牙的纳兰科

（Naranco）。这完全是一座帝王厅，有着精致的建筑和雕塑装饰，是为阿斯图里亚斯（Asturias）的拉米罗一世所建。它有一简单的石穹顶，双螺旋形的柱子将墙分成小的墙面，有落地窗，圆拱形门呈古典造型。尽管该建筑比较小，但它是9世纪世俗建筑室内设计的一个杰出实例。在厅里可进行审判，举行议会，接待来访者和国外使节；此外，厅也是家中成员吃饭和睡觉的地方。招待的仪式和热情代表了高贵的主人的财富和权力。而隐私方面是欠缺的，只有最重要的人才拥有一间卧室。然而，到14世纪末和15世纪时，地主和他的家庭隐私和舒适的生活开始替代了公共的生活。厅只是作为地主举行礼仪的地方，个人的房间成为重心所在，随之出现了装饰华丽的室内设计。

图1—8　坎特宫大厅

大厅按功能分类，大多数的中世纪厅比现在的厅要亮得多（图1—8）。它们的墙采用粉末白灰和水刷颜色。墙面被石膏灰泥或蛋彩画覆盖，唯一可见的建筑构造出现在门口、窗框、柱子或墩子部位。粉刷的墙面有时还用彩色线条来装饰，通常为红色，形成砖块状。

在威尔特郡的索尔兹伯里老教区遗址中还留有画在石膏墙上的彩绘装饰，除了石膏装饰外，还有彩色粉刷，彩绘或者是模板印纹。大厅的装饰方法和装饰品多种多样，这主要与主人纹章和族徽有关，还有武器盔甲和战役的纪念品等。尽管狩猎战利品和军队武器出现在文艺复兴的室内装饰设计中，但一直到 18 世纪这类装饰才得以充分展现出来。

壁炉在早期的室内通常是置于墙内的，壁炉中的烟则是通过屋顶天窗简单排放出去。壁炉越大，就越不可能用于烧煮食物，因此隔离式厨房是早期城堡生活中的一个特点。罗马帝国时期采用的地下坑式装置加热系统在以后的文明年代中已不被采用，装饰性烟囱装置的发展形成了中世纪以后室内装饰的重要部分。布鲁日的银行家雅克·克尔（Jacques Coeur）在其漂亮住宅中饰有一个塔状的开垛口的巨大壁炉，建于 1443 年，壁炉上有一中楣，上面刻着猎人和骑士骑着毛驴去一个幻想的比赛场地的图景。

中世纪的大厅不仅是建筑的中心，也是公共世俗生活的场所，站在大厅的讲台上，封建领主以主人的姿态向下俯视他的拜访者们。与大厅的气势相反，贵族住宅中的客厅、卫生间、更衣室或私人房间显示出奢侈和精致的程度，与大多数人的原

雅室·艺境：环境艺术欣赏

始生活空间相去甚远。这些房间用作寝室、客厅两用房间，本身非常奢华，一般都比较大，足够摆下一张床、柜子、有背的长凳和凳子，以及个人的贵重财产。

在亨利七世时期的英国，玻璃被当作室内陈设品的一部分，而不是室内构造的一部分。大的铅条玻璃窗被铁丝网悬挂在石头或铁的横梁上，或者以铰链固定在框架上，当主人不在时，这种窗户就要存放起来，而木制窗户就不需要这样，当时彩色玻璃在世俗建筑中并不多见。

图1—9 迪尔克·包茨的三联画《最后的晚餐》（约1463年）

平坦的天花板在城堡或市镇上的世俗建筑中很常见，在这些地方，防卫不是一个基本要素，也不需要厚墙或防火的拱形结构。迪尔克·包茨的三联画《最后的晚餐》（图1—9），展示了一间大的平天花板的房子，横梁支撑在铸模枕梁上。它的四边形式是石膏墙，一个带罩的壁炉作为几何雕塑装饰，只有下半部有百叶窗。有的还采用了装饰性的瓷砖，这是在木板或石头用材之后，中世纪里最普通的地面装饰材料。

瓷砖曾经构建了许多室内设计最辉煌一面。然而不幸的是，这一时期的留存物中没有一块完好无缺的家用瓷砖。瓷砖是 12 世纪建筑的一大发展，通常是装饰化的釉砖，方形，多种尺寸，从几英寸到一米或更大些都有。1220 年左右被英国自低地国家引进，克拉伦登宫是最早的范例。到 13 世纪末，瓷砖已经不讲究华丽了，14 世纪它们可以被快速地生产出来。由于采用了铅釉，各种色彩瓷砖大量地涌现出来，有黄色、黑色、棕色和绿色等。除了素色瓷砖之外，规则几何图案和走兽、飞禽、人面和纹章图案也被用于瓷砖装饰中。在克拉伦登宫，一套 4 块或更多的瓷砖结合成一个图案，将地面分成醒目的区域。一套 9 块和 16 块的瓷砖也能以一连续的椭圆形出现。

罗马时期和拜占庭时期的小型特塞拉马赛克地面在中世纪已不再被广泛采用，地面装饰以各种石材为主，雕刻的板块，切割成圆形的大理石，并镶嵌有珍贵

图 1—10　罗伯特·坎平的《圣芭芭拉》

宝石作为装饰，像斑岩、碧玉和彩色大理石。在佛兰芒大师罗伯特·坎平创作的马德里《圣芭芭拉》祭坛装饰中，壁炉底面的角上饰有条纹状瓷砖，像是织物的结构（图1—10）。实际上纺织材料也用于地面装饰上，但很少用地毯。

在英格兰北安普敦市的朗索普塔建筑的第一层中保存有最重要的小型壁画群，它们生动地表现了14世纪早期的生活。以装饰题材来表达房间主人的思想起源于欧洲大陆，并且12世纪开始在法国城堡和宫殿中广为流行。装饰题材种类繁多——从圣经、歌谣到当代事件，诸如战争、狩猎或捕捉和家庭生活等。

图1—11　罗格·凡·德威顿的油画《天使报喜事》

墙壁下部分的装饰通常是木墙裙，未被彩绘的木墙裙呈现出自然木色，通常用橡木或乌木，并分割成嵌板形状（图1—11）。当木墙裙要进行彩绘装饰时，则采用软木作壁板，如云杉木和松木，涂成彩色，绿色是最时髦的色彩，也许是最昂贵的色彩。在克拉伦登的修道院房子里有一种木墙裙，不仅刷了绿色还装饰上亮晶晶的镀金小饰物。在20世纪30年代考古发掘时，发现过带着钩和孔的小铅星以及带镀金痕迹的新月形饰物，原先可能贴在木墙裙上。彩色瓷片路面、彩绘墙面、彩色玻璃以及雕刻和绘画的壁炉、彩绘护壁板，闪亮的金属制品，所有这些共同形成了华丽而令人炫目的场景。

在中世纪地中海地区的室内，彩绘壁画装饰更为普通，从文艺复兴起，每面墙上（甚至是最大宫殿的墙面上）都完全覆盖了壁画。

佛罗伦萨的达万扎蒂宫是一个保护良好的中世纪后期大宫殿。它有着宽阔的天花板和壁画装饰，这些壁画以鲜明灿烂的色彩和对图案的钟爱构成了中世纪室内装饰设计的特点。

在 14 世纪，宗教内部的分裂和罗马暴力现象日趋严重，迫使罗马教皇迁到了法国南部的阿维尼翁（Avignon）。大约在 1340 年，教皇本尼狄克十二世时对这里的天使塔作了重新装饰，绘制了宏伟壮丽的壁画，巨大的卷曲形的蔓生植物覆盖了立面，虽然是意大利艺术家所作，但法国的影响还是显而易见的，特别是在强化主题以及图案形式方面。

织物壁挂开始是放在大厅一端的高台处，以创造比较舒适的环境，并突出房中的重要部分，但是当贵人们的注意力转移到私人房间时，织物壁挂也就随同主人带了进去。整幅反映历史和寓言题材的织锦挂毯，与平面布挂相反，是最先在法国和布冈地的宫廷中出现的，然后很快传播到德国和英国。当时织锦挂毯作为外交礼物的习俗也促进了它的发展，然而壁挂的内容总是比视觉形式更为重要。例如，1393 年，勃艮第的菲利普送给兰卡斯特王朝的亨利国王一套织锦挂毯，表现克洛维、法老和摩西的形象，摩西很长时间都是《旧约全书》的君王们喜爱的形象，在低地国家中织成的寓言图案式的挂毯只在中世纪的顶峰时期流行。

这些织物装饰上生动的世俗题材与壁画的题材同出一源，但更倾向于表现不同季节的场景。在表现秋冬季的题材中，流行狩猎和捕捉，而在表现春夏季的题材中则多是田园式和罗曼蒂克式的场景，如亚瑟王和特洛伊的传说都成了挂毯图案的题材来源。

用于壁挂的织物常常是绘画性的。法国的伊莎贝拉，英王爱德华三世的母亲有一个挂在祭台背后的锦披以及一块座椅的罩面，都表现了"基督降生"画面。在她的厅中，有一块织有启示录的画面，由于这间房没有墙裙，在挂饰与地面之间的空间就用精梳毛纺织物或彩色帆布装饰。通常也用一块长长的织物，不仅能遮盖坐椅，而且也能延伸到地面上，创造某种华丽的效果。桌子也铺上了织物，如贝里公爵坐在一张饰有富丽金银线的大马士革缎子桌布的桌旁。桌子像中世纪的许多家具一样，有着临时性的特点，三脚架上支撑着一块简单的板。在固定的家具中，像墙柜一般是用于置放玻璃或碟子等易碎物品的，墙柜的柜门上有门闩或简单的门插销，并用铁或皮革做铰链；箱柜和重要的门上有锁。在私人房内有模塑和雕刻装饰的壁龛。另外唯一的一种固定家具是大厅和私人房间的嵌入式凳子，它们既可以被看做装饰性的家具，也可以被看做功能性的家具。

另外一个存有中世纪早期室内设计遗址的重要地区位于德国、奥地利和哈布斯堡王室东部的地区。19 世纪的修建者在民族主义爱国力量的驱使下，几乎重新修复了德国中世纪室内装饰的每一遗迹。在法国，中世纪的遗址经常变成"完美的再创造"，但以历史学家对中世纪的想象来修复它们常常导致毁灭性的后果。14 世纪和 15 世纪法国和勃艮第宫廷趣味对德国和奥地利的室内设计产生了深刻影响。中世纪后期，当地的趣味和风格都进行了调整以便适应来自法国的最新流行时尚。

一般劳动者和农民家庭的室内设计，如书籍《克利夫斯的凯瑟琳祈祷的时间》中的插图所表现的那样。画中，圣母马利亚和约瑟夫坐在一间窄小的房内，它有无玻璃的木框窗子，简朴的木天花，铺有瓷砖但地面装饰简单，约瑟夫坐在一张用桶做成的椅子上，在壁炉周围和附近的架上则置放着家庭用品，壁炉的碎石膏是粗陋的标志，这幅图使人相信这是中世纪一个木匠家庭室内的真实写照，这与贝里公爵等贵族阶级的生活方式形成了明显对比。

在 1100 年和 1300 年之间，西欧进入了与希腊东部艺术交流互融的阶段。在 15 世纪和 16 世纪，吉贝尔蒂（Ghiberti）和瓦萨里（Vasari）将天才画家乔托之前的意大利所有绘画中的错误都归结为"希腊风格"。我们今天非常欣赏拜占庭时代，不仅是因为他们对绘画做出了贡献，而且也因为他们对设计和装饰所做出的巨大贡献，当第四次十字军东征攻克了君士坦丁堡并贪婪地将战利品带回到意大利时，来自东方的艺术思潮在 1204 年突然得到了很大的推进。然而在这之前，意大利南部的富人和西西里岛的诺曼国王就委托拜占庭的艺术家装饰他们的宫殿和教堂，拜占庭风格和题材自然地传进了西方。因此，拜占庭成为 12 世纪至 13 世纪真正哥特风格诞生的助产士。

意大利南部的敌对王国希望从 11 世纪的拜占庭统治中解放出来，于是同北部的冒险者或惟利是图者联姻，著名的有唐克雷德·德·欧特维尔（Tancred de Hauteville），他领导了极其成功的远征，从而使得他的儿子罗伯特一世在西西里岛建立了一个王国。在 1130 年，罗伯特二世被教皇冠以国王的称号。他和他的孙子威廉二世是建筑爱好者和艺术的赞助者，在他们统治期间，出现了西方最美丽的"拜占庭式"的室内设计，在拉齐扎的库巴宫殿和巴勒莫皇宫中的鲁杰罗大厅。拉齐扎毁坏得非常严重，鲁杰罗大厅后来得到了大力修复，世俗的花卉和动物图案，马赛克与大理石、瓷片、石膏、阿拉伯式蔓藤花饰的结合都代表了国王宫廷的装饰设计风格。

拜占庭的影响甚至波及伊斯兰世界。711年，阿拉伯人和柏柏尔人从摩洛哥进入了西哥特人的西班牙，并向北方挺进，当时他们几乎到达了位于卢瓦尔河边的图尔（Tours）。在那以后，阿拉伯殖民地在西班牙建立起来了，它是一种冷酷、复杂、狂热的宗教与灿烂艺术相融合的文明，以科尔多瓦和格拉纳达为中心的城市的兴起为标志。西班牙卡斯蒂利亚的斐迪南二世和阿拉贡的伊莎贝拉王后时，这一文明也随之衰落了。

阿尔汉布拉宫位于峡谷的上方，像一颗珍贵的珠宝一样闪闪发光。在这一宫殿里，室内和室外建筑相互融合，这在欧洲建筑中并不多见。著名的狮院包括一个支撑在狮背上的喷泉，喷泉流进四条水道。以溪水状流过庭院与墙上、屋顶和拱形物上的石膏制品和上釉瓷砖相结合，创造了一个前所未有的欧洲快乐宫。从有圆柱的大厅到有圆柱的庭院的转变已初见端倪，树和花卉的优美绿化反映在墙面瓷砖的精致图案中。它在西班牙所受的外部影响方面逊于拜占庭的装饰风格。然而，在中世纪和拜占庭时期，欧洲主流艺术的发展并总是在战争的影响下发生的。

帝国，特别是拜占庭帝国衰落的最后一个悲惨点落在新秩序的中心——佛罗伦萨。在这里，最后一位罗马皇帝，三个国王之一的君士坦丁二十一世帕里奥洛格斯（Palaeologus）骑马向伯利恒奔去的场景被描绘在贝诺佐·戈佐利（Benozzo Gozzoli）的壁画中，该壁画是美第齐-里卡尔迪（Medici-Riccardi）礼拜堂中的壁画。这位罗马皇帝死于 1453 年抵抗土耳其人入侵君士坦丁堡城的保卫战中。

第三节 文艺复兴时期的室内设计

文艺复兴的室内装饰是这一时期优秀文化的最佳载体之一。不仅由于文艺复兴时期的许多家庭室内都饰有当时优秀的艺术作品，而且各种类型的装饰风格并不少见。但没有一处文艺复兴时期的室内能够完整地保留它装饰和布置的原样。因而当时的绘画成为研究那一时期室内设计主要的资料来源，特别是那些以家庭为背景表现宗教事件的绘画（图1—12）。

图1—12 书籍插图中的室内场景

文艺复兴被界定为始于15世纪早期的意大利，但是它在欧洲的传播时间和各种表现形式出现的准确时间却很难确定。意大利15世纪视觉艺术表现形式展示了人们在发现、发展和解决透视问题的成就。这类题材由大师如马萨乔（Masaccio）、多那太罗（Donatello）和布鲁内莱斯基（Brunelleschi）主宰。随着文艺复兴高峰期的到来，以列奥纳多·达·芬奇、米开朗琪罗和拉斐尔为主的古典风格作品进一步巩固了文艺复兴的艺术地位。在文艺复兴的衰落时期，常伴随着对风格主义（1520—1600）的争议，而风格主义一般被认为是文艺复兴的最后篇章。这个时期特别要涉及意大利，一方面意大利的思想以快速而简洁的方式传到其他的欧洲国家，另一方面，意大利因新出现巴洛克风格而丢弃了风格主义的概念。法国、德国和英国却仍然沉溺于他们各自不同的文艺复兴的艺术语言和风格中。

文艺复兴运动日益强调陈设装饰的世俗性，因而很快地改变了中世纪以教会题材为主要艺术创作对象的模式。雄心勃勃的意大利家族中，有赫赫有名的美第奇家族（Medici）、法尔内塞家族（Farnese）和贡扎加家族（Gonzagas），他们一致推崇创造史无前例的壮丽宫殿、城堡和别墅。而且意大利文艺复兴时期的许多城邦间不断竞争，极大地促进了艺术的发展。在美第奇的影响下，佛罗伦萨成为意大利学习艺术和得到艺术赞助的中心。伟大的诗人和学者洛伦佐（Lorenzo）赞助过像年轻的米开朗琪罗这样的艺术家，以及新柏拉图主义者的皮科·德拉·米兰多拉（Pico della Mirandola）这样的思想家。他的大图书馆和他收藏的刻有浮雕、嵌有宝石的古币和纪念勋章在意大利非常著名，并且燃起了佛罗伦萨人生活在"古典"环境中的欲望；如三角顶的屋门，拱形顶的房间和饰有古代雕塑的烟囱都证明了这种狂热。将古典符号移植在托斯坎纳人的建筑传统上，便诞生了布鲁内莱斯基的作品，他创造了一种无与伦比的和谐而又简洁的室内设计风格。

15 世纪开始，意大利室内装饰中许多最漂亮和最重要的项目是在郊区或乡村别墅建成的，主要围绕于罗马和佛罗伦萨为中心的地区，以及威尼斯附近。在别墅和郊区宫殿中，窗户的尺寸大大地增加了，中世纪窗子的小开口为大玻璃窗所取代，以便使充足的光线照到主人收集的华丽的织锦挂毯、绘画、雕塑、陶瓷、金属制品上，以及构成文明化生活不可或缺的家具上。

在文艺复兴时期，古典艺术对建筑的影响是巨大的，在 15 世纪期间，最有影响的家庭室内设计主要是外观上的建筑化。阿尔贝蒂称赞布鲁内莱斯基 1435 年完成的佛罗伦萨大教堂是这一新艺术的第一个重要成就，完全可与罗马建筑媲美甚至有过之而无不及。由理想的人体比例为基础所构成的和谐几何形表达了 15 世纪意大利的美学思想，在有关比例的美学理论中，阿尔贝蒂和布鲁内莱斯基的贡献是主要的，从这一时期到 16 世纪末，讲究完美的比例构成了优秀室内设计的特点。这也是为什么在如乌尔比诺（Urbino）的都卡莱宫殿这样的精巧室内保留了一种惊人的高贵品格的原因（图 1—13）。

图 1—13 都卡莱宫殿室内彩饰（1465—1474）

布鲁内莱斯基单纯简洁的室内设计对后来文艺复兴时期室内设计产生了巨大的影响，他从不去模仿罗马建筑，而是结合了许多托斯卡纳本地的建筑元素。他将古代题材应用到最简单的建筑形式中，从而奠定了未来欧洲建筑的类型基础。室内强调空间概念在 15 世纪的意大利是不变的，甚至在今天也是如此，它仍然是评价一间房子设计好坏的标准。中世纪的室内要向外展开延伸，比例服从功能需要，而在文艺复兴时期，设计师们总是首先确定最佳的标准比例，从而使任何形式上的难题得以顺利解决。如乌尔比诺的都卡莱宫大浴室与弗朗西斯科一世美第奇的小书房具有同样的比例系统，这代表了一个因有美妙的设计比例而强化优雅风格的室内设计。当时，阿尔贝蒂和布鲁内莱斯基的透视画法形成了一种新的真实空间和图画空间的意识，这不仅反映在 15 世纪对房屋形状和尺寸的兴趣上，而且也反映在它们的相互关系上。作为一种实用科学，后者在帕拉第奥手中得到了完善。也正是在这个时期产生了通过壁画、绘画甚至雕塑中的虚构距离而"扩展"真实空间的愿望。对于此后4个世纪中的许多主要教会和世俗建筑中的装饰项目来说，这是一个最伟大的成果（图1—14）。

图1—14 书籍插图中的室内场景

米开罗佐（Michelozzo di Bartolomeo，1396—1472）是佛罗伦萨住宅建筑设计方面的另一位重要的建筑师，他设计了文艺复兴的最重要建筑之一，即佛罗伦萨的美第奇-里卡尔迪宫，它宏大的规格以及对它主要楼层上的华丽套房的强调都为后来的大城市住宅定下了设计的基调。阿尔贝蒂（Leon Battista Alberti，1404—1472）以他的理论和实践对建筑设计产生了最直接的广泛影响。他认为建筑是艺术和科学的自然结合，他的作品因其实际应用功能而备受他的同时代人的青睐和尊重。

阿尔贝蒂对古典建筑的比例和多样性的兴趣始于他最初在罗马的一段时间，他的这一兴趣激起了意大利建筑思想上新的共鸣。由于他与许多美第奇家族、贡扎加家族、易斯特和蒙泰费尔特罗家族中成员的密切联系，他的思想很快传播开来。1450 年至 1480 年间他在佛罗伦萨设计了许多住宅建筑，或者是为这些建筑提了许多建议，因而在那个城市的建筑和环境中都留下了他的印痕。他是乌尔宾诺的弗德里科·达·蒙泰费尔特罗家族（Federico da Montefeltro）的常客，他激励弗德里科去创造一座新的华丽宫殿，该宫殿不仅反映了财富和文化水平，而且也反映了人文主义时代存在的新精神。在 1450 年弗德里科开始建这座宫殿时没有什么模式可参照，彼埃罗·德拉·弗兰西斯卡（Piero della Francesca）的《耶稣基督的鞭挞》（乌尔宾诺，国家美术馆藏）中有关古典建筑和空间的图形思想在一定程度上启发了弗德里科，在宫殿的装饰细节中，他将精致的雕塑和丰富的古典题材作为宫殿的装饰，并融会到其细节之中，使这座宫殿成为文艺复兴早期传统室内设计的典范。

富于装饰性的巨大楼梯是这一宫殿的显著特点。约莱大厅、觐见厅等都在比例的完美和丰富的装饰细节处理上展示了前所未有的艺术表现力。大多数的建筑有平整的白墙，并用大量雕饰的烟囱对简洁的墙面加以补充，门框、窗框和天花板连接墙面，天花板的装饰繁多。由于阿尔贝蒂的室内装饰设计没有实物保存下来，他在装饰细节上的设计思想只能从佛罗伦萨的鲁切拉伊礼拜堂中的雕塑作品中有所体现。

文艺复兴时期室内设计的趣味和奢华体现着君王生活的尊严和基本秩序。如乌尔宾诺的弗德里科住宅，礼仪接待室和私人卧室、书房是连在一起的，缪斯神殿和祖籍堂相连，并有着具体的功能。15 世纪其他具有明显设计风格的是接待室、藏书室、书房及画廊。在巴洛克时期，画廊成为所有庞大的宫殿或别墅中重要的场所之一，常有着最华丽的装饰。餐厅事实上不为人所知，当时采用的是可折叠的桌子，能方便拆除或展开，常置放在可爱的凉廊里，并形成了城市和乡村住宅的一个重要部分。

中世纪盛行的以尖角十字拱形直达顶点的建筑设计在 15 世纪时逐渐被门廊穹顶所替代，天花和穹顶则装饰以壁画，大多数的楼梯有桶形的穹顶。彩绘天花在中世纪的意大利和北方是很普通的，这种艺术从未消失过。在文艺复兴前期由西蒙·迪·科尔雷奥（Simon di Cor-lone）、切科·迪·纳罗（Cecco di Naro）设计了一个特别的范例，就是巴勒莫的塞亚拉蒙特宫的天花。

此外，这一时期建筑外部的檐口深度加大，装饰上包含了各种古典题材，著名的有蛋和飞镖等。乌尔宾诺书房的天花板显示了尤为丰富的罗马式镶板藻井结构，在镶板藻井之间用圆的浮雕形成了独立的装饰环节。这些木制天花一般用于世俗建筑，教会建筑中的天花用的却是石头或灰泥材料，到 15 世纪末，灰泥粉饰逐渐成为天花和穹顶的流行装饰。但威尼斯仍然保留了对木制天花的喜爱，天花上刻浅浮雕，其精致程度在 15 世纪的其他任何地方都难以找到。

在乌尔宾诺宫殿的室内设计中，烟道（壁炉上方和周围围住壁炉架的结构）在室内装饰中似乎占据了永久的一席之地，这在中世纪除了在宏大的礼仪厅外其他厅房的设计中是很少见的。其设计主要出自布鲁内莱斯基一派。

赤土陶板对每一社会阶层来说都是很普通的材料，可以按各种形式排列（图 1—15）。在佛罗伦萨的宫殿，它们是呈六边形的，在绘画中它们有时以白色和赭石色出现。赤土陶板常以并排、圆形或鱼骨形

图 1—15 佛罗伦萨韦奇奥宫的陶板地面

排列。现实或抽象图案的铅釉彩色陶板，在 15 世纪后 50 年中出现在家庭房屋中，这种时尚似乎很快地传遍意大利。

不用织锦挂毯、绘画、布料织物或皮革挂饰覆盖的墙面一般要饰以壁画，或者是壁画和灰泥浮雕的结合，这是一种自 16 世纪早期开始流行的时尚。房内无论高度如何，当用挂毯时，

墙的上半部一般都有装饰壁缘，这是由于大挂毯不仅价格昂贵，而且也会有悬挂和处理上的困难。墙上部精巧的壁缘在费拉拉（Ferrara）的斯基法诺亚宫的斯图厅保留着最早也最完整的实物形象，它在文艺复兴、风格主义和巴洛克时代都极其普通。而安尼巴莱·卡拉奇（Annibale Carracci）这位巴洛克早期最伟大的室内设计师之一，正是以这种壁缘的装饰设计开始装饰师生涯的。

图 1—16　梵蒂冈凉廊装饰中的奇异图案

在 15 世纪末，简洁化的奇异图案开始流行，它以一种保守的形式出现在许多壁画的结构中，也再现在雕刻或彩绘壁柱上（如在都卡莱宫殿，乌尔宾诺）。最早采用奇异图案的是著名的佩鲁的坎比奥学院，拉斐尔是重兴古代奇异风格装饰的主要倡导者之一。保存完好的两个原型是梵蒂冈的凉廊和夫人别墅凉廊，奇异图案构成了它们装饰的主旋律（图 1—16）。

从这个时候起，奇异风格装饰显得异常重要，不仅出现在所有欧洲的室内设计中，而且还出现在其他的装饰艺术中。奇异风格连同曲线的怪诞风格在巴洛克和洛可可时期通过各种变化得到了发展，并在 18 世纪以纯正的古典形式得到了复兴。瓦萨里曾对人们表示出的对这种奇异风格的极大兴趣做出过这样的描述：在温库拉（Vincula）的圣彼得教堂（S. Pietro），在提图斯（Titus）宫殿（尼禄金宫）的遗址和废墟上，在希望能找到一些象征图形的动机驱使之下，人们开始了挖掘工作。在某些完全埋在地下的房子里充满了小的奇异图案、图形和风景，以及一些浅浮雕的灰泥粉饰。于是，乔瓦尼与拉斐尔在一起……他们震惊于这些作品的新鲜美感和特别，因为它们所呈现出的是一种杰出的东西，一种被封存了很久的东西，但是这种东西已不是奇迹了，它们与空气隔绝得太久了，已被腐蚀了，岁月的变化消磨了一切。这些在地下岩穴发现的装饰图案，以如此多的式样，如此奇异的幻想力，如此典雅的色彩，如此精致的灰泥粉饰构件，以及它们体积虽小却如此美丽悦人的形式感，深深地打动了乔瓦尼的心，于是他将自己全身心地投入到对它们的研究之中，他不满足一次或两次地描绘或修复它们；他成功地以灵巧和优雅的方式制作了它们，除了缺乏一种锻造怪异图案的灰泥制作知识以外，他什么也不缺乏。在他之前的许多人，也在这方面发挥了他们的聪明才智，但是除了制作灰泥的方法外，他们什么也没有发现，他们所发现的是火烧的方法，用石膏、石灰、松香、蜡和一磅重的砖一起烧制，然后用金粉覆盖上去；他们没有发现真正的与在那些古代房屋和岩穴中发现的相类似的制作灰泥的方法。但在那时，作品是用石灰和火山灰做成的……在圣彼得大教堂背后的拱门和看台上点缀的所有植物装饰，都是用黏土模型进行模塑的，达·尤西尼在考虑了用石灰和火山灰制作的方法之后，开始尝试是否能够以浅浮雕来表现图形，他不断地试验，除了外表没有古代作品那样的精致和完善以及不够白以外，其他的各部分均很理想，在不白的问题上，他开始考虑也许需要以白石灰来取代火山灰，以达到增白的效果，他将最白的粉状大理石与白石灰混合在一起，并且相信这就是古代人所用过的方法，如果拿给拉斐尔看，他也会高兴的。乔瓦尼锲而不舍的精神使他得以成功地将古代的装饰方法复活。整个房间也以这种方式画上壁画，这一设计方法后来在巴洛

图1—17 圣玛丽亚·马达莱娜教堂的拱形天花（罗马）

克时期的拱形天花板上得到了应用（图1—17）。

人们将瓦萨里和乔瓦尼视为怪异时尚的发明者，因为尽管拉斐尔是古代罗马建筑的主要代言人，但他似乎对装饰细节没有兴趣。梵蒂冈的红衣主教比别纳（Cardinal Bibbiena，1516年）珠宝似的房间有着既美丽又成熟的风格，像是一个真正的

古代室内的再现，它有着"庞贝"似的红墙，严格古典式的壁
龛和一个壁画穹顶，与尼禄金宫中的穹顶相类似。尽管严格说
来这种装饰并不怪异，气氛却属于古代的。拉斐尔虽然将装饰
细节的设计留给了乔瓦尼，但仍然不可低估他在建筑上所确立
的一些理想比例关系。

这种新风格很快在罗马引起反响，如在 1517 年至 1518 年，
在法尔内西纳别墅的走廊中，以及在罗马的坎切莱里亚宫的穹
顶上，都显示出类似风格，但这些早期的模仿都没有达到乔瓦
尼作品的质量。通过拉斐尔的两位学生，佩里诺·德尔·瓦加
（Perino del Vaga）和波利多罗·达·卡拉瓦乔（Polidoro da
Caravaggio）的努力，怪异风格很快成为流行时尚，并在圣天使
城堡（Castel Sant' Angelo）中的保利那厅的穹顶装饰上发挥到
极致。德尔·瓦加将这一风格"出口"到热那亚，波利多罗则
将这一风格带到那不勒斯；在热那亚，它得到了更加华丽的诠
释，乔瓦尼的精致分隔发展成较沉重的灰泥结构，通过这世纪
中期的加莱亚佐·阿莱西（Galeazzo Alessi）的作品将它带入了
巴洛克时期。令人惊奇的是，这种风格在威尼斯的出现却比较
晚，并且是由乔瓦尼本人亲自将它带入威尼斯，他自 1537 年开
始为格里马尼宫（Palazzo Grimani）作装饰设计。

以国外艺术家完成的雕刻为媒介，怪异风格迅速传遍欧洲。
在 16 世纪的下半期，受这种雕刻影响的作品带有许多风格主义

装饰的特点，直至此时，乔瓦尼思想的纯粹性才开始被减弱。

乔瓦尼在梵蒂冈以及在罗马的马西莫宫中（Palazzo Massimo）的灰泥装饰风格形成了文艺复兴时期最初的一组灰泥装饰风格，这种风格迅速传播开来，这些早期的装饰质量是后来作品难以匹敌的。另外一种类型是在圣天使城堡中的保利那厅中的怪异装饰，由乔瓦尼·达·乌迪内、佩里诺·德尔·瓦加、波利多罗·达·卡拉瓦乔、圭里奥·罗曼诺（Giulio Romano）等人创作。这一装饰在应用基本的古典形式上发挥出了很大的自由度，有着更沉重的结构嵌板，后者成为 16 世纪许多灰泥装饰的特点之一，模制的灰泥图形更显重要，所有这些都导致了彼得罗·达·科尔托纳（Pietro da Cortona）代表壮丽的巴洛克风格的作品的产生（图 1—18）。

图 1—18　佛罗伦萨皮蒂宫朱庇特厅穹顶

在罗马以外，拉斐尔—乔瓦尼派的最重要的灰泥作品之一出现在曼图亚的德尔特宫殿（Palazzo del Te），这一宫殿由朱利奥·罗马诺（Giulio Romano）和他的助手们从1520年后期开始装饰，它不仅以华丽的灰泥装饰著名，而且以大面积的壁画著名。斯图齐厅整个房间有着古典的平静感，两个华丽的灰泥浮雕图案中楣，一个优雅的镶板穹顶和嵌板半圆壁。

中世纪后期，在意大利的教会和世俗建筑中的所有装饰方法中，壁画起着主导的作用。意大利的室内壁画装饰遗产是如此丰富，以至任何评论都显得不够细致。

图1—19　维尔茨堡离宫帝厅

17世纪末期，尽管中楣形壁画仍占主流，但一种对幻觉艺术的新兴趣产生了。曼特格那的斯波西暗室中有少年向下注视的虚饰图形，美少年似乎倚在壁画天花上的一圆形柱杆上，这可看做这种新潮流的滥觞，三个世纪之后在提埃波罗（Tiepolo）的作品中达到了顶峰（图1—19）。与怪异装饰的严谨形式完全相反，朱利奥·罗马诺（Giulio Romano）在曼图亚创造了多图形场景的时尚，这似乎让有限的空间变得更开阔了。在罗马，巴尔达萨雷·佩鲁齐（Baldassare Peruzzi）也采用了同样的建筑幻觉艺术。在德尔特宫（Palazzo del Te）的普赛奇厅（Sala di Psiche）采用了一种新装饰方法，狂放地诠释了爱神丘比特和神秘的人类灵魂化身赛克两形象，这是与平静的古典主义，如拉斐尔在罗马的法尔内西纳别墅中为阿戈斯蒂诺·基吉（Agostino Chigi）所做的同样题材装饰截然不同的另一种风格。在去曼图亚之前，朱利奥曾是拉斐尔的主要助手，在梵蒂冈烈火厅做壁画，拉斐尔逝世后，他完成了在科斯坦蒂诺厅中（Sala di Constartino）的工作。曼图亚的壁画仍然是一种中楣形式，上面有弦月窗（半圆壁）和分隔的穹顶。在附近的吉冈蒂厅中，朱利奥将图案从建筑空间的限制中解放了出来。1532年开始，墙和天花装饰互相渗透，在复杂的建筑装饰和壁画风景中形成了一种"启示录式的图形幻画"，而腾云驾雾中的奥林匹斯山神正以胜利者姿势向下凝视，从而产生巨大的视觉冲击力。

多索·多西（Dosso Dossi）在佩萨罗帝国别墅中的埃利亚迪（Sala dagli Eliadi, Viua lmperiale of Pesaro）创造了一种更为严谨的先驱风格，在那里，寓言式的女像柱支撑了棕榈树构成的框架，而在框架后面则配有风景面。一种欲将穹顶转变成一个由树或其他植物构成的藤架的设计思想，回归了1498年米兰的斯福切斯科城堡中木板厅的设计风格，如列奥纳多·达·芬奇（Leonardo da Vinci）的城堡。同样在佩萨罗，吉罗拉莫·真加（Girolamo Genga）的卡卢尼亚厅发展了佩鲁齐的绘画透视思想，它还包括了一组有框架的图形，放置在露天的凉廊背后，通过一段阶梯可走近，这是一种在后来被广泛采用的装饰手法，甚至 1757 年提埃波罗的壁画《阿伽蒙侬之女伊斐琴尼亚的牺牲》（在维琴察的瓦尔马拉纳别墅中）也采取同样的方法。在威尼托（Veneto）发现了许多 16 世纪最美丽的壁画，威尼托的壁画装饰特点之一是欢乐的喜庆形式和绚丽的色彩与大量无装饰木质天花板形成反差。

风格主义的设计师瓦萨里注重肖像与人的视线之间的关系，罗马总理府百日厅的装饰体现了这种设计思想。弗朗西斯科·萨尔维亚蒂（Francesco Salviati）的作品反映了整个风格主义的装饰方法；其壁画的轻松亲切以及他将墙壁表面细分成无数个部分进行装饰的特点使人们的视觉应接不暇。虚构框架上方饰有奇异的三角楣，框架包含了叙述性的场景，并充满了石膏做成的垂花饰和美少年像、水果、花卉、大口水罐和头盔图案，米开朗琪罗式的裸体画突兀地倚在窗上方的褶布上；有时整个装饰置放在一个带女像柱和满装花果并象征着丰饶的羊角背景中。"可怕的空虚"是所有风格主义艺术的典型特点，在奇异和复杂之中融合了喜剧夸张的形式，完美地展现在似乎有点郁闷的带装饰图案的室内。

意大利人对幻象和立体透视的兴趣不仅仅局限于壁画上，

而且也表现在 15 世纪的镶嵌工艺上，这些工艺既用于家具也用于各种固定装饰物上。14 世纪的镶嵌工艺已非常著名，15 世纪的镶嵌工艺亦可谓独树一帜。题材范围很广，从乡村、城镇风景到具有透视效果的桌子造型，几乎应有尽有。

16 世纪的意大利，特别是威尼斯和佛罗伦萨，各种尺寸的油画在公共和私人建筑的室内装饰项目上占据着重要地位，形成了威尼斯文艺复兴时期的室内设计风格。佛罗伦萨的韦基奥宫的室内装饰以绘画与丰富的雕塑结合著称，这种装饰手法在弗朗西斯科一世的小书房中达到了顶峰（图 1—20）。

图 1—20　弗朗西斯科一世书房
(1570—1572)

尽管豪华的意大利建筑引起了许多访问意大利宫廷的国外游客的嫉妒，但以现代眼光来看，它们还是没有什么装饰陈设特点的。其内部装饰绝大多数是依靠面、墙和天花上的丰富图案，作为当时豪华装饰的一种衬托。除了织锦挂毯（保存在极富有的家庭室内）、镀金皮革挂饰、羊毛或装饰棉挂饰以外，在大多数房间内没有什么固定的家具。卡尔帕乔（Carpaccio）的《圣乌苏拉的梦》也反映出即使在最重要的室内也没有太多的陈设。床、意大利式大箱子、大橱柜、餐具筐（在 16 世纪日益普及），包括一个箱子和中心桌子的木装置，或在大箱子上装上木靠背和扶手而成的长靠椅，这些家具或多或少都成了房内的永久性家具，它们经常是庞大的，并被饰以反映室内题材的装饰。木制家具的精雕细刻、在橱柜门上的细木工嵌饰和色彩灿烂的巨大桌面，这些构成了 16 世纪和 17 世纪佛罗伦萨家具的流行时尚；另一个重要的装饰元素是土耳其地毯，主要是从威尼斯进入意大利，它被用在室内各处。

到 1500 年，意大利的住宅和宫殿成了欧洲羡慕的对象。然而，按照历史学家朱卡尔迪尼（Francesco Guiccardini）的观点，意大利文艺复兴思想的深化阶段是与她的"灾难"年代相对应的。在一个并不同步的繁荣阶段之后，意大利的大部分领土落入了法国和其他入侵者手中，通过入侵很快将文艺复兴思想带到了北方。在法国，意大利的艺术家，像雕塑师弗朗西斯科·劳拉纳（Francesco Laurana）已经开始将法国的审美趣味建立在意大利设计思想实践的基础上，但法国已习惯于室内装饰中华丽的哥特风格，因此并没迅速地采用 15 世纪托斯卡纳创造的严谨风格。结果，法国文艺复兴的风格比意大利的更为模糊些。在许多情况下，文艺复兴题材只是简单地被移植在后哥特的形式上，其结果常常是不协调的。

一种真正的法国文艺复兴风格的出现是在弗朗索瓦一世

（1515—1547）的统治时期，这时期风格主义在意大利已大获全胜。弗朗索瓦在他的安布瓦斯城堡（Amboise）仿效意大利生活的特点，即一种在艺术的发展史上产生了深远影响的宫廷生活特点；尽管未能成功地说服米开朗琪罗为他服务，但他还是争取到了其他意大利艺术家和工匠们的支持。在枫丹白露的城堡设计中，意大利艺术家创造了法国文艺复兴风格的室内设计。在 16 世纪 30 年代的法国，在佛兰德斯艺术家的帮助下，室内装饰模式改变了。尽管有关中世纪城堡的变化情况一点也没有实物幸存下来，但是在弗朗索瓦一世的宫殿走廊、埃坦普公夫人的室内和普里马蒂乔的宫殿楼梯（图 1—21）都展

图 1—21　普里马蒂乔的宫殿楼梯

示了一种优雅而复杂风格的全部特征。与这些室内相连的许多绘画和雕刻不仅加深了我们对新风格的了解，而且也对当代的设计师们产生了巨大的影响。

　　在法兰西以外，意大利文艺复兴的细节在很长一段时间内得到了自由地诠释，在图卢兹（Toulouse）和罗德（Rodcz）这样的中心地区使它和富丽的火焰风格得到了很好的结合。但法

国不像西班牙那样全心全意地采用和吸收文艺复兴所宣扬的古典主义，而是发展了一种有个性的民族风格。在西班牙，自从格拉纳达（Granada）的查理五世的阿尔汗不拉宫中采用了意大利文艺复兴思想，以及在腓力二世在埃斯科里亚尔严谨而宏伟的修道院城堡中大量采用意大利式的壁画和装饰之后，一种来自后哥特传统的有着无理性装饰语汇、以模仿银餐具华丽装饰为特征的风格充斥在 16 世纪西班牙的建筑和室内设计中。

在英国，特别明显的是 16 世纪室内装饰中，存在着混合文艺复兴风格的迹象。如布洛瓦（Blois）和尚波尔（Chambord）的古典风格与直接从艺术家如安东尼奥·托托（Antonio Toto）等人那里进口的意大利式的怪异思想的混合。这些意大利艺术家在红衣主教沃尔塞（Cardinal Wolsey）的邀请下都来到了英国。尽管汉普顿宫的室内装饰已包括了文艺复兴装饰风格的细节，但那儿的大厅仍然是一种哥特式设计，一些由理查德·雷奇（Richard Rydge）创作的雕刻细节则带有意大利思想的明显痕迹。在 1538 年，亨利三世在南瑟奇开始建造他的宫殿，这也许是对弗朗索瓦一世的尚波尔城堡的直接挑战，虽无保存下来的实物，但约翰·艾韦林（John Erelyn）的描述表明意大利人为国王提供了古典的装饰。意大利室内装饰的步伐迈得如此之快，以至于英国无法相比，它到 1500 年就彻底地摆脱了中世纪的风格。

在整个 16 世纪，英国的室内设计仍延续着中世纪晚期大量采用橡木雕刻或其他木材的嵌板，简单地涂以灰泥或制作有梁的天花板、木地板，间或是大理石或石板地面的习惯。所谓的"都铎风格的消极性"导致了大部分室内设计中一种观念的产生，一种与意大利和法国设计师所形成的新统一全然对立的观念，它是装饰细部的堆积。甚至像在汉普顿宫的观看室或同时期的圣詹姆斯宫中的灰泥天花板这样的新元素中，都反映出英国在采用原型时一种天生的要表现不同效果的倾向。因而出现了伊丽莎白室内的典型垂饰分隔区间的设计。只有在这个世纪的下半期，地中海室内空间的恢宏气势才有所体现出来，如在萨默塞特（Somerset）的朗利特府（Longlea House），其他这样的建筑还有科尔比府（Kirby Hall）和哈德维克（Hardwick）等在威尔特郡的朗利特和哈德维克，代表了英国这个时期的住宅建筑装饰设计顶峰。但除了具有丰富的古典细节之外，与文艺复兴的主流思想还是相脱节。对文艺复兴思想的主要反叛表现在建筑和规划上，是一直不断地强调隐蔽性，即在客厅、房间和阳台上，与文艺复兴式的炫耀性房间形式相比，只在走廊中才出现类似的炫耀装饰。从都铎末期到 17 世纪的末期，重视作为谈话甚至是锻炼之用的走廊的装修，在英国的室内设计中是一个重要的特点（图 1—22）。像伯明翰的阿什顿府走廊，建立于 17 世纪早期，展示了典型的风格主义细节，有木刻嵌板及雕

雅室·艺境：环境艺术欣赏

刻，灰泥天花板上覆盖着图案浅浮雕，正是在这种朴素的英国文艺复兴背景下诞生了伊尼格·琼斯（lnigo Jones）的新古典主义。

图1—22 兰希德洛克宫走廊（1640）

第 2 章

巴洛克与洛可可时期的室内设计

从 17 世纪开始，欧洲进入了所谓的巴洛克和洛可可时期。17 世纪的巴洛克时期，诞生了现代意义上的室内装饰和陈设设计。除了一些室内过分强调华丽之外，巴洛克时期特别是法国的巴洛克时期的室内设计思想正是我们对室内诸要素和谐统一的理想源头。在中世纪，那些有能力过良好生活的人经常过着游荡不定的巡游生活，因而在装饰房间时，舒适很少作为主要因素来考虑。在文艺复兴时期，建筑师们越来越关注于设计，并为特别的房间挑选特别的物品做装饰，但整体说来，家具更多的是为了与建筑风格的需要相呼应，而不是为了满足人体的舒适需要；家庭中那些坚挺直立的木制靠背椅是很难让人真正长时间放松的，巴洛克却完全改变了这点。

第一节　巴洛克时期的室内设计

巴洛克时期的室内通常是社会事件的有效场所，世俗的和僧侣的建筑也同样如此，因为这两者时常互相仿效，特别是在意大利。在巴洛克时代，家具的作用日益重要起来，这表明了社会状况的好转和社会制度的稳定，套装家具第一次以规模化形式应用于室内，包括固定的镜子、有木框或灰泥框架的绘画、壁画或用绘画形式装饰的天花和墙、雕刻、绘饰或镀金的嵌板、带镜的桌案、烛台、椅子、边桌、雕塑支撑架等等（图 2—1）。

图 2—1 查斯沃思宫的贵宾卧室
（德比郡 17世纪末）

直到这时，真正的室内装饰语言才开始出现，这种装饰语言从罗马到巴黎，从伦敦到俄罗斯，甚至斯堪的纳维亚都有着极其相似的特征。虽然各地存在一些区别，如科洛纳画廊与凡尔赛市和查兹沃斯宫室内就有所不同，但它们所反映出的设计特点和装饰语汇，在17世纪传播得比以往任何一个时期都快得多。

在诸多造成这种思想快速传播的原因之中，最关键的一点是在这个世纪的下半叶室内设计艺术趣味的主宰权从意大利转移到了法国。巴洛克时代是伟大的君主统治时期，法国、西班牙和英国都是君主政体，而德国和意大利仍旧处于世俗或僧侣统治下的分裂状态。如果说意大利的艺术家发明并完善了巴洛克风格，那么在路易十四统治下的法国，则给这种风格烙上了皇家印记，并使它成为其余欧洲国家的官方艺术。

意大利的巴洛克最初是一种罗马和罗马教皇的风格，而后渗入到亚平宁半岛的其他城市，并在各个地方形成了不同的形式。这时期的宫殿和别墅保留并强调在文艺复兴时期就很重要的"炫耀"元素，如大会客室、走廊、精美的橱柜和凉廊。今天，当我们重新审视它们时，就会发现这些用壁画装饰的或镀了金的室内环境看起来似乎很冷酷，给人以假面具的感觉，它们必须依赖烛光，以及镶有珠宝首饰的皇冠和五彩缤纷的服饰才能熠熠生辉。意大利的宫殿从未与个人的生活紧密相连，它是社会活动的宏大舞台，是宴会、私人和官方的招待舞会的场所等等，因此，只有底层的和主楼层的房间（主要卧室也设置在主楼层）被装饰和布置得富丽堂皇，而楼上的房间却非常简陋寒酸，甚至完全被废弃不用。

15 世纪以来，大规模建造城市宫殿已成为习俗，佛罗伦萨的斯特罗齐宫（Strozzi）和美第奇－里卡尔迪宫和罗马的总督府和法尔内（Farnese）宫殿都是极好的例子，巴洛克继续发扬了这一传统。意大利艺术在一种前所未有的规模上繁荣起来，尽管这时意大利的整体经济有衰退的迹象，并且还不断地受到国外势力的侵略，许多新的宫殿依然拔地而起，每一个显赫家族都拥有至少一个乡村别墅。装饰和陈设成为一种风潮，对固定的和移动的各种装饰及家具的需求不断增加。

罗马是都市复兴的中心，巴洛克时代的欧洲不可能找到与之相提并论的城市，在罗马教皇保罗五世（Paul V）、乌尔班八世（Urban Ⅷ）和英诺森十世（Innocent X）的统治下，所有的视觉艺术家都获得了巨大的荣誉。教皇垄断制确保了教皇宫殿

图2—2　威尼斯萨格雷多宫中的卧室（1718）

在建筑和室内装饰设计中所起的领导作用。这个时期的主要艺术几乎都被用来装饰那些规模宏大的家庭室内空间（图2—2），因而像贝尼尼（Bernini）、波罗米尼（Borromini）、科托纳（Cortona）和乔瓦拉（Juvarra）这样的艺术大师不仅提供建筑整体设计，而且也是监督或操作具体装饰工作的执行人。这些艺术家的代表，在这个艺术家与建筑师们共同工作的年代里特别重要。这种艺术家多才多艺的现象，在意大利有着很悠久的传统，只是在巴洛克时期才达到了顶峰，并反映在这一时期的许多装饰富丽的室内，以至于大部分这样的室内设计达到了一种前所未有的统一和完美。

与欧洲其他国家的巴洛克室内设计风格不同，意大利的巴洛克室内风格的主要特点在16世纪就已见端倪：墙上和天花上大量装饰壁画，精致的模制灰泥装饰，彩绘或镀金的木制雕刻油画框内镶嵌着一流的绘画。在威尼斯的宫殿设计中，安尼巴勒·卡拉齐（Annibale Car-racci）首先创作了巴洛克风格的室内环境（法尔内赛画廊），恢弘壮丽的形式成为环境的精神主宰。当时的方法很简单，天花底下直接饰有壁画的中楣，这种传统在中世纪就已完善，文艺复兴时也曾大量采用过，但在巴洛克时期就大部分被废弃了。巴洛克时代的艺术家们更热衷于那些有错觉的，富于戏剧性的装饰方法。然而重要的是，波洛尼亚首先完善了早期的运用错觉进行创作设计的思想，这是 17世纪和 18 世纪意大利装饰各种墙面和天花的最流行的手法，波洛尼亚教皇格列高利十三世（Gregorg XIII，1572—1585）将这种错觉装饰艺术带到了罗马。

在 1597 年和 1604 年间完成的法尔内赛画廊预示了巴洛克风格的诞生，在绘画和在室内装饰上同样如此，安尼巴莱的壁画穹顶以色彩灿烂的虚构错视镀金框架，青铜圆雕饰物和石制人形及其他的雕刻，这样的天花包含极其欢乐喜庆的色彩，它的生动明亮之处在于将白色和涂金灰泥墙与上部优雅的扇贝形壁龛完美和谐地连接，壁龛内嵌圆形开口以便置放胸像和浅壁柱，小型挂画般的壁画也与墙面非常和谐。与风格主义不同，巴洛克装饰的目的在于清晰透彻，因此在取材和用色上虽然很有深度，但室内仍会一眼见底，开敞而清朗，在这方面，法尔内塞走廊就是一个完美的典型。

虽然织锦挂毯装饰已不时髦，但巴贝里尼宫的大沙龙中，织锦挂毯、壁画和雕塑与巴洛克风格的装饰构成了华美形式的典型。教皇乌尔班八世的外甥红衣主教弗朗西斯科·巴贝里尼（Cardinal Francesco Barberini）是一位优秀的收藏家和鉴赏家，他建立了巴贝里尼织锦厂，第一件产品推出了"君士坦丁的历史"系列，由鲁本斯和科托纳设计，织好后（1632—1641）献给法国的路易十三国王（现存费城艺术博物馆）。巴贝里尼宫大厅的系列挂毯是《基督生平》，织于 1643—1646 年，乔瓦尼·弗朗西斯科·罗马内利（Giovanni Francesco Romanelli）和彼得罗·达·科托纳负责设计，现存纽约圣约翰教堂，其内容补充了科罗那的大穹顶壁画《上帝的胜利》的不足，当然，只有最富有的家庭才能用这样的装饰方法，在 17 世纪，许多意大利室内的织锦挂毯常是较早期的意大利式或进口的。

意大利巴洛克时期的最伟大的雕塑师是贝尼尼（Gianlorenzo Bernini），他采用彩色大理石、铁、灰泥和其他装饰，包括壁画一起装饰墙面，自此，贝尼尼采用的这种混合装饰手段被用于除僧侣室内以外的任何室内，如著名的科那罗教堂。由于彩色大理石成本高，只在很富有的家庭中才能使用，除了地面，大规模地将大理石应用到住宅室内，在意大利还是极其少见的。但一旦被使用，效果则是华丽无比的，如在罗马的科罗纳宫。因而在大多数情况下，仿大理石即木绘替代大理石的做法十分流行，并且这种仿大理石技术在 17 世纪和 18 世纪达到顶峰；整个墙面都可以这种方式装饰，无需大的费用，这在当时的欧洲成为时尚。

意大利文艺复兴早期那种华丽的烟道装饰在巴洛克时期已显得不重要了。1665 年，法国的让·勒·保特尔（Jean Le Pautre）推出他的"意大利式的烟道装饰"系列设计，其饰物更靠近现代模式，常由小的雕刻成围，并带有侧翼图案，这种设计被广泛地采用，从而形成了一种风格，即使是在很精致的房子里，烟道饰物也相当简单，至少没有太多地影响室内整体装饰。同时，更多的室内则彻底废弃了烟道饰物，另外，装饰性的炉子在 18 世纪前的意大利也很少见到。

17 世纪的意大利工匠也精通灰泥石膏装饰，灰泥工们以风格主义的传统造型特点和专门建造技术，并沿用早期精练的灰泥装饰传统，制成白色或描金的画框和壁画框。这时装饰绘画题材更加广泛自由，其中当以科尔托纳的皮蒂宫天花为代表的寓言式装饰绘画最为流行，然而古典题材仍旧是许多项目的灵感源泉。热那亚的罗索宫，威尼斯的阿尔布里齐宫中都出现了这时期最优秀的灰泥石膏装饰作品。大约在 1718 年，彩绘天花灰泥、大理石和木制装饰相结合，共同完成了从富丽的巴洛克到新鲜轻快的洛可可装饰风格的转变。

17 世纪期间，具备各种装饰技能的意大利艺术家都曾受邀请，去欧洲的其他地方，在那些地方他们独特的技艺供不应求，特别是在德国、奥地利和俄罗斯的宫廷。精致的雕刻工艺、金属制造工艺和灰泥装饰日益流行起来。波罗米尼（Borromini）、贝尼尼和科托纳在建筑和装饰上的革新在德国南部很快被效仿，而法国、荷兰和英国也都慎重地借鉴了他们的革新。尽管意大利式的装饰并没有什么真正新颖独到之处，意大利在壁画装饰领域中的主宰地位仍然使它成为整个欧洲的仿效对象。

17世纪的法国室内装饰是非常丰富多彩的，这一时期是法国引领欧洲装饰设计趣味的黄金时代，也正好在意大利衰退后的三个世纪内。在黎士留和马萨林（1630—1660）执政时期内，法国的超级力量被充分地确定了，而在路易十四（1643—1715）的统治下，所有欧洲的君主都以法国风尚为艺术指导，也正是在这一时期，法国的资产阶级获得了巨大的财富和权力。这期间的建筑和其他艺术中最重要的委托项目主要来自于资产阶级，很少有贵族的赞助者了。资产阶级的智慧和趣味促成了法国古典主义时代的到来，出现了高乃依（Corneille）的悲剧、普桑（Poussin）的绘画和芒萨尔（Mansart）的建筑。

在意大利，很长时期以来，建筑师同时也是室内设计师，而在16世纪的法国和英国，这一工作却常由从事雕刻工作的意大利工匠和艺人设计，虽然这一现象一直持续着，特别是在外省，但法国17世纪大部分室内设计主要还是由一些优秀的建筑师和设计家来完成，如弗朗索瓦·芒萨尔、路易·勒·沃

（Louis Le Vau）和查尔斯·勒·布朗（Charles Le Brun）。在路易十四统治时期，最重要的设计项目几乎都来自于王权政府和富有的资产阶级，于是最好的艺术家和工匠都被吸引到凡尔赛宫和巴黎，在那里，国王随心所欲地使用他们，让他们为自己服务。

黎士留红衣主教曾试图为路易十三建立一种民族的设计风格，并在黎士留自己的城堡里率先采用了奢华风格的装饰。后来马萨林红衣主教引进了许多意大利的艺术家，包括罗马内利（Romanelli）、波佐尼（Borzoni）和格里马尔迪（Grimaldi），来装饰他自己的和王室的住宅，结果出现了一个最新的罗马式的巴洛克版本。那里有精致的灰泥装饰、彩绘

图 2—3　洛赞宫的小客厅
（巴黎）

的墙和天花，描金修饰使房间显得奢华亮丽，并配有良好的家具（图 2—3）。所有这些对法国的室内艺术都产生了相当大的影响，与此同时，一种独特的法国本民族的设计风格也开始出现。

最先意识到这点的建筑师是弗朗索瓦·芒萨尔，他 1598 年

出生于巴黎，几乎未去过意大利，在法国发展了他的"复杂的和奢华的古典主义风格"。他接的第一项私人房屋室内设计委托是 1635 年的弗里利埃尔宅邸，该建筑以一个由弗朗索瓦·佩里埃（Fransois Perrier）绘制的走廊而著称于世，在墙面上有普桑（Poussin）、格尔西诺（Guercino）、吉多·勒尼（Guido Reni）及其他人创作的大量绘画作品。

像许多天才一样，芒萨尔的艺术设计道路坎坷不平，他的许多室内设计，包括为奥尔良创作的布洛瓦城堡（采用了非同寻常的旋转和转角的楼梯）时都未得到重视，只有在现存的梅森城堡（现为拉菲特宫，Lafitte）设计中才充分展示出了他的全部天才，毗连的门廊和楼梯形成了这个世纪最美丽的室内设计之一。这一时期，当人们还在运用镀金色彩的装饰手法进行设计时，芒萨尔已经在运用立体和空间的反差来设计空间了，形成了他的设计风格。芒萨尔古典主义的典型特征是他将象征了艺术和科学的小天使雕刻图形放置在楼梯无装饰板的栏杆上，梅森城堡中的室内设计据说还启发了当时的著名作家伏尔泰，并为此写下了一行赞美诗，力颂它的高尚、简洁、自然和具有魔力。

除了芒萨尔这样的当之无愧的超级天才以外，路易斯·勒·沃（Louis le Vau，1612—1670）也是建筑师中的佼佼者之一，并且可以说他是与太阳国王的官方风格关系最紧密的建筑师。与芒萨尔不同，勒·沃是个完美的城市仆人，而且更为重要的是，他是天才和优秀的组织者。早在1642年在埃塞宫的室内设计中他就表现了非凡的领导才能，当时他率领了一队优秀的装饰师为皇家工作，其中包括画家波顿（Boadon）、勒·布朗（Le Brun）、勒·苏尔（Le Sueur）和多里尼（Dorigny）及雕塑师家萨拉赞（Sarrazin）、范·奥布斯塔尔（Van Obstal）等人，在巴黎的朗伯特宫（Hotel Lambert）和法兰西岛的沃·勒·维扎特城堡，勒·沃把后来在凡尔赛宫最终完善的装饰手法在此处进行了首次尝试，而且许多这样的原装饰在此得以保存下来。由于勒·沃参与设计了子爵夫人房（凡尔赛宫的原型），使他可以直接被皇家雇用。而同时，勒·布朗就是在这里正式开始了他的装饰设计师的生涯，他是这群杰出的装饰师队伍中的中坚分子，并且能从勒·沃平凡的室内设计中脱颖而出，创作出更加美妙的杰作，正因为如此，勒·布朗进入了引人注目的艺术中心，成为首批全能的装饰师之一，参与设计室内的方方面面，并且发挥出了最高的设计水平，凡尔赛宫室内惊人统一的风格就源自于他的指挥，在士伊勤宫（被毁）和卢浮宫阿波罗走廊的作品中，他以白色和镀金灰泥，绘画和抽象的嵌板创立了路易十四时代的经典风格。

在1671年和1681年间，勒·布朗装饰了凡尔赛宫中的大房间，它吸引了每一位来访者，并促使各欧洲宫廷纷纷效仿。

勒·布朗还创作了多样性的室内，从著名的大旋转楼梯到镜廊，还有 1686 年完成的战争厅与和平厅，阿波罗大厅是其中的典型，路易十四自喻为太阳神阿波罗，因而该大厅是为他特别设计的，参观者通过在大旋转楼梯上梯的攀升开始了他们朝向太阳的具有象征意义的旅程。旋梯沿着巨大的长方形空间的一条长边而建造，它的阶梯、栏杆和低墙覆盖着一层色彩艳丽的大理石，在第一楼梯平台上置放一个喷泉，从平台处起楼梯被分成两部分，分别盘旋而上。紧挨着富丽穹顶的上部分，墙面绘有一系列的错视效果的壁画，壁画中的人物向下盯着走上来的参观者形成一种戏剧化的空间效果。旋梯的巨大规模只有镜廊才能相比，镜廊建在面向花园的大露台中。一面为紫色大理石与镜面结合，形成的绚丽晶亮的墙面，一面为朝向花园的落地玻璃窗，玻璃与镜面，室内与室外形成一层层递进关系，并以两厢陈列的雕塑，天花垂下的枝形水晶灯，镜面两侧的壁灯交相辉映，形成了举世无双的大镜廊。另外一个著名的室内设计是大量采用大理石的浴室，在那里，为与蒙特斯潘夫人会面，国王需要经过一段很长的林阴路以避开夏季的炎热。蒙特斯潘夫人对于室内装饰方面的兴趣之浓使她在克拉格尼的城堡成为著名的"精致大厦"。

维纳斯厅和狄安娜厅内有着严谨的矩形图案大理石嵌板地面，而还有一些房间内则以图案式的深绿色或深红色天鹅绒作为国王收藏的老一代大师绘画作品陈列的背景墙面，这些绘画都有描金画框。像 16 世纪的意大利人一样，这些绘画经常是以图案形式排列在墙上的，而不是按内容排列，从而创造了令人愉快的视觉形式，实现了统一背景中的色彩变化。这一方法一直沿用到 19 世纪，从描金描银的雕刻（装饰意大利和法国绘画）到黑色或混合色的着色木画框（装饰荷兰和佛兰德斯人的作品），各种不同形式的画框将各个艺术家和艺术流派的画作进行区分，并将它们共同悬挂在墙面上，这是当时对艺术品陈列的常见做法。

除了大理石，天鹅绒和织锦挂毯以外，镜子是凡尔赛宫室内设计的又一个刻有帝王烙印的产物。最早的保存下来的镜屋则是 1660 年左右的梅森的圆形镜屋。在 1684 年，路易十四在凡尔赛宫规划了一个小的画廊，在那里，他那非同寻常的宝石容器在镜子墙面的托架上很好地展示了出来。像大多数大型绘画作品一样，带镜框的镜子以向前倾斜的方式被挂起来，这一悬挂方式为丝穗璎珞等装饰物提供了发挥余地。有时镜子被绘上了水果和花卉的图案，这在美第奇—里卡尔迪宫和科罗画廊中都有展现。

在凡尔赛宫早期路易十四式室内中，家具起着举足轻重的作用。在宏伟大厅、尤埃尔厅和麦尤尔（国王的卧室）中的家具几乎全为银制，卧室中有一套完整的银家具，包括床周围的栏杆，八个两腿烛台，四个银盆，两个香水炉底座，一对柴架，一个树枝形的装饰灯。遗憾的是，几乎所有的银家具在 1689 年第一个禁止奢侈的法令下达后即被熔化掉了，以支付战争所造成的损失。凡尔赛宫尽管辉煌，但在今天看来也只不过是他们曾经光荣的一个苍白的反映。

由于路易国王整日都生活在王公大臣的簇拥中，他便在凡尔赛宫以外的其他建筑中寻求逃避，如大特里亚农宫和特里亚农瓷宫，该建筑的外部饰以精巧彩色陶瓷，内部则饰有彩绘壁柱和模仿荷兰的蓝白陶瓷。在设计特里亚农室内时，芒萨尔决定在矩形嵌板上，加饰白色或金色的框边，并饰以加框的镜子，这些都预示反巴洛克的洛可可风格的产生。

在法国 17 世纪和 18 世纪，织锦挂毯在室内装饰中的重要性很大。大部分的挂毯是羊毛织品，在特别的情况下增加一些金银线和丝线形成高亮度。几乎所有王室织锦挂毯的题材都能在皇家装饰图案中找到其历史出处，它们以寓言故事或以宗教故事为主题，所有这些题材内容都直接与国王和国家相连。在次一等级的富有圈子里，织锦挂毯常常以连续的图案形式出现。

其他的墙面织物有茶色哔叽面料、缎子和天鹅绒，它们以直条形式被包裹在墙上。热那亚制造的天鹅绒在这个世纪中始终保持着独一无二的地位，并以丰富的色彩厚实的质感，表现出独特音乐的奢华风格。浮雕皮革——通常是牛皮，在这时被大量采用，并饰以镀金或镀银的锡纸，常常绘上明亮而精致的图案用来表现各种题材。这种皮革饰物与新的东方热一样具有异国情调，最初是用在摩尔人和伊斯人的室内，它们在欧洲的最早应用可能源自西班牙，西班牙的柯多巴是生产这种皮革的中心。在巴洛克时期尽管出现了上述各种奢华的壁饰，但朴素的木制嵌板以它的温暖、舒适和相对低廉的价格仍然流行不衰。橡木和松木虽然昂贵仍是较受喜爱的木材，以彩绘的方式来模仿比较昂贵的木材也是常用的方法。随着流行时尚的发展，木制墙面嵌板开始倾向于绘成白色或淡色调，如淡绿或淡蓝等，这同样也是走向终结的巴洛克向洛可可风格转化的具体表现。

凡尔赛宫和其他豪宅的华丽的形式，在很大程度上依靠着众多高窗中射进的光线；镜廊若没有这些窗户其效果就很难想象，到 16 世纪末，所有的窗户都装上了玻璃，尽管在生产玻璃时的高破损率造成了高昂的价格，小的窗格玻璃仍是一般住宅的规范用法。有时这些窗玻璃内面又被绘上风景、人物或肖像图案从而形成了色彩更加生动的窗口效果。在荷兰、佛兰德和英国，内嵌彩色玻璃嵌板绘以盾形纹徽的装饰方法非常流行。到 1700 年，窗扇窗户在欧洲除了意大利以外的广大地区普及开来（窗扇一词来自法文的木框架之意），法国人喜欢用所谓法国式窗户，这种窗户与地面同宽，并成为建筑从室外和室内过渡的重要部分。

17世纪许多荷兰绘画中出现的多种百叶窗在其他地方却是不合时宜的，在地中海国家，外部一般用板条做百叶窗。天鹅绒大窗帘极其昂贵，并且非常沉重，在这个世纪中期以后，丝绸窗帘取而代之，同时流行的还有一种更便宜的织物，它们被大量采用，甚至在奢华的室内也加以采用。丝绸或其他精致的面料可用绳子提高或下降，这种升降方式在巴洛克盛行时期已经被使用，在18世纪时变得更流行了。彩绘丝绸或饰以各种象征元素的亚麻布窗帘，在日光下显出极佳的效果。威尼斯人的木制板条窗也在18世纪早期出现，并得以流行。

17世纪法国装饰性的壁炉架迅速发展起来，雕刻是其中的基本装饰。在北方室内壁炉明显地有着更大的作用，成为冬季所有室内生活的中心。除了在偏僻的地方，用篷盖罩住的壁炉架在17世纪已消失殆尽，比较受欢迎的是与墙面平行的烟道，有时上面有一个镜子饰架和一个三角楣或一组雕刻或模制的与房子本身檐口一样的檐口。尽管有镜子饰架的烟道早在1601年在枫丹白露就出现了，但直到这个世纪末才广泛流行起来。

在17世纪90年代，朱尔·阿杜安-芒萨尔在凡尔赛宫做特里亚农宫和玛利别墅等几个室内的设计，设计中排斥了以前所有的宏伟壮观的风格，而钟爱一种早期洛可可式的新风格；在这里古典的规则消失了，沉重的嵌板被轻便的模制嵌板取代，壁炉架上的镜饰增加了，檐口的设计优雅轻快了，整体气氛再不是以前的富丽堂皇，而是继巴洛克的宏伟庄严之后的一种委婉和柔美。嵌板和天花全部用一种淡色调绘成，以此取代了巴洛克的强烈而浓重的色彩，通常是白色和灰色。芒萨尔在这段时间还将一些私人室内设计成圆形，进一步打破了凡尔赛宫严谨的矩形房间特点。在路易十四1715年逝世之前，对这一伟大时代的反叛已经开始了，法国正在准备一场装饰艺术的革命——洛可可。

尽管荷兰也发展了一种独立于其他欧洲国家的文化。但路易十四的欧洲霸主地位也影响了荷兰，荷兰人在他们的室内装饰设计中发展了"资产阶级古典主义"的风格，其具体体现为：一方面是大规模室内的华而不

图2—4 鲁本斯宫餐厅（安特卫普）

实（图2—4）；而另一方面是小规模室内的亲切和朴素。也许正是这后一个特点体现了荷兰人对这一阶段的室内设计的最大贡献。

对17世纪早期荷兰的室内装饰产生了最大影响力的艺术家之一是来自卢伐登（Leeuwarden）的汉斯·弗雷德曼·德·弗

里斯（Hans Vredeman de Vries，1527—1606）。他在 1601 年出版的著作《建筑式样》（Variae Architecture Formae）中，包含了他对柱子、透视和喷泉等方面的具有想象力的构想，与同时代的法国或意大利的作品相比，有着惊人的粗犷和豪放风格。也正是在任性狂放的风格主义和相当笨拙的巴洛克的背景下，丹尼尔·马洛特（Daniel Marot，1661—1752）使自己成为荷兰特别是室内设计方面的知名设计家。

马洛特与他的同时代的让·贝兰（Jean Berain）一样，在装饰设计方面有着巨大的影响，他的设计包括了装饰艺术的全部领域。在家具设计中，他最著名的产品是 4 个柱子的礼仪床（床在 17 世纪的任何一个住宅中都是最重要的一项家具），他用雕刻般的巴洛克形式替代了当时存在于荷兰的矩形式样。他的设计包括富丽的流苏帷幔和饰有羽毛的罩篷。他创新的另一领域是带有精巧陶瓷花瓶托架的壁炉等，这些出现在玛丽女王在汉普敦宫（Hampton）的室内，是她将收藏和展示东方陶瓷和欧洲铅釉瓷的时尚带进了英国，这是一种同时在英国与荷兰的室内起着重要作用的时尚。马洛特设计的嵌板与带饰嵌条饰板，叶形饰的装饰板，将怪异图案、花环和流行的寓言相结合，在当时十分流行。

17 世纪的英国比其他欧洲国家发生了更大的政治变化；在詹姆斯一世统治下，英格兰和苏格兰实现了统一，他的儿子查尔斯一世于 1649 年被判处死刑，随后英联邦以及 1660 年的查尔斯二世的复辟。这些对室内装饰都没有产生直接的影响，而室内装饰已从极端的风格主义发展到了复辟时代的巴洛克风格。不像欧洲其他地方，在英国，巴洛克没有自然地过渡到洛可可风格。

伊尼戈·琼斯（Inigo Jones）是英国第一个掌握了古典建筑语言的人。他设计的第一个室内也许是哈尼斯格朗吉住宅（Haynes Grange Room），是第一个全部用松木做嵌板的英国房屋，从地面到天花有着完美的科林斯式的壁柱。很难想象在那个时代的英国会有其他的建筑师能够设计出如此简洁古典的房子。除了严谨之外，它还有富丽的特点，这点已经被琼斯和他的学生约翰·韦伯（John Webb）用于他们的家庭室内设计中。琼斯的外部建筑风格是简约巨大的，而室内设计则是丰富多彩的，像威尔顿（Wilton）的室内设计，内外形成了强烈的反差。琼斯式带法国装饰细节的帕拉蒂奥风格的最完美体现是 17 世纪 50 年代早期创作的威尔顿宫中的一系列优雅室内。

琼斯最得意的学生约翰·韦伯的职业生涯跨越了 17 世纪 30 年代由皇家赞助的全盛期一直到英联邦和复辟时期。他的风格密切地依赖于老师的思想和经验，但他也成功地发展了一种个人风格，这从他 1655 年设计的谢维宁府大厅中略见一斑（在肯特郡内）。这座建筑是琼斯的学院派帕拉第奥式与早期英国巴洛克之间的桥梁；比琼斯喜欢的风格还要沉重，它有着用科林斯壁柱相连的木嵌空格连环拱廊，并有一个三角楣的门框。他那良好的设计贯彻了琼斯的意大利传统，并融入了法国的原始式样，混合形成英国趣味。

在复辟时期，建筑和装饰再次引起了人们的兴趣，在英国的巴洛克风格形成的过程中，克里斯托弗·雷恩（Christopher Wren，1632—1723）走在最前面。雷恩1665年对巴黎的访问开阔了他的眼界，亲身感受到了法国高水准的工艺，在参观了"无与伦比的沃克斯和梅森别墅"以及其他的建筑之后，他回到了伦敦，并带回了许多铜雕版图："我要将这些装饰和奇异风格展示给我们的乡村绅士们看，在这方面，意大利人自己已经承认法国的优越地位了"。他注意到在卢浮宫中至少一千人在做雕刻、镶嵌大理石、绘画、镀金等工作，这使他大受启发，他要在皇宫、圣保罗和伦敦城里的教堂城的装饰中训练他的工匠们。

此时，英国已经为复辟的斯图亚特王朝准备了一种新的表达风格，但英国巴洛克最著名的成就是私人赞助者创造的。当英国巴洛克建筑在范布勒（Vanbrugh）、霍克斯莫尔（Hawks-moor）、塔尔曼（Talman）和阿歇尔（Archer）的手中形成独特的趣味时，其他大部分室内设计就有些令人失望了，特别是在那些有大型绘画装饰的室内。巴洛克在英国总是处在主流趣味之外，不像琼斯微妙的英国化的帕拉蒂奥风格，即使是在最精致的装饰项目上时常带有一种强烈的地方特色。

英国室内装饰设计在这段时期的另一个特点是木头雕刻，在格雷林·吉本斯（Grinling Gibbons）的作品中达到了完美的境界。这样雕刻的主要部位是楼梯栏杆、壁炉架、门框以及其他用于嵌板的雕刻。部分是受低地国家的影响，坚固而封闭式的雕刻被轻快的开放式或更加自然的雕塑所取代。

格雷林·吉本斯的名字不可避免地与英国巴洛克的每一杰出木雕紧紧相连。他最早于 1674 年为沃特福特（Watford）的卡西奥伯里宫（Cassiobury House）设计楼梯，在这里，他用一种自然主义的透雕细工，替代了 17 世纪 30 年代栏杆装饰中常用的窄带交织成的装饰图案，一个特别精致的范例出现在汉姆宫（Ham House），在那里，军队的战利品成为嵌板上的图案题材。除了他在温莎城堡（Windsor Castle）的作品以外，还有索德伯里（Sudbury）、伯利府（Burghly）、拜德敏顿（Badminton）和拉姆斯伯里的室内作品。

橡木墙壁嵌板成为各阶层人士喜爱的装饰，嵌板中的肖像画用凸出的嵌线加以突出。琼斯所喜欢的华丽装饰的壁炉架在复辟时期为朴素的大理石模制品所取代，在壁炉的上端继续用嵌板的方式。皮革挂饰也很流行，特别是在餐厅中，因为它们不像织锦挂毯那样需要保持某种趣味；它们可以是东方图案，或者是几何形的图案。

英国 17 世纪室内装饰设计的一个主要特点是严谨，特别是有橡木嵌板的室内，即使富丽的家具也在相当的程度上强调了这一特点。包银的和装饰化的家具采用许多不同的木材，甚至龟甲也变成时髦的装饰材料，镜子给许多室内带来了光彩。东印度公司进口的物品中包括陶瓷和织物，这些材料对于装饰设计来说都相当重要。1715 年后，在科伦·坎贝尔（Colen Campbell）和伯林顿爵士（Lord Burlington）领导下的帕拉第奥复兴，许多充满想象力的异国情调消失了，代之以古典主义风格，从而形成了 18 世纪英国装饰艺术的基本特点。

殖民地时期的美国东部，在 17 世纪的较早的扩张中，其建筑开始是效仿荷兰巴洛克，并带有一些德国和斯堪的纳维亚的风格特点。最强劲的影响还是英格兰东部的本土建筑风格，这基本上是中世纪后期的风格特点。这样的室内设计是非常朴素的；表面灰泥覆盖，白色涂料饰面，门上有直板和暴露的横梁，通常用接待室或走道组成一个厅。

在西南部的西班牙殖民地——得克萨斯、亚利桑那、新墨西哥和加利福尼亚，其室内装饰风格是西班牙巴洛克与当地的印第安传统相混合的风格。事实上这个时期的室内实物没有保存下来。

　　在 17 世纪早期，意大利高度的文艺复兴思想在德国被采纳，如慕尼黑的马克西米连一世（Elector Maximilian）的住宅是这一阶段德国最好的宫殿。在 1612 年至 1616 年左右设计的市政厅强烈地反映出受意大利风格的影响，涂上灰泥和色彩的中楣、大理石门框，天花上有坎迪德（Peter Candid）的寓言式的绘画；到 1667 年，在阿德尔海德的"心爱密室"里精雕细刻的镀金、彩绘天花板和中楣上，已明显地体现了法国和威尼斯的设计思想。宫殿的许多室内是由安东尼奥·弗朗西斯科·皮斯托里尼（Antonio Francesco Pistorini）在阿戈斯蒂诺·巴雷里（Agostino Barelli）的基础上设计装饰的。这一时期意大利工匠的加盟，使意大利艺术直接影响了室内装饰的风格，这种状况一直持续到洛可可的产生。

　　在德国，菲舍尔·冯·埃拉赫（Fisher Von Erlach，1656—1723）在 1690 年至 1694 年创作的在弗拉诺夫（弗雷，Frain）的城堡中的大椭圆厅，曲线型的墙，巨大的柱式，由 J. M. 罗特迈尔（J. M. Rottmayr）创作的大型天花壁画使其与椭圆形窗户之间的距离消失了，这些统统都成为德国洛可可的基本特征。1685 年，他在维也纳定居，以意大利和法国的原型风格来进行教堂和宫廷建筑设计，这以 1722 年开始的帝国图书馆为代表。它的规模像许多德国和奥地利同类型的室内一样，越过了它参照的原型，将雕刻与涂金木制品、灰泥制品和壁画及长条嵌板直接与下一阶段约翰·卢卡斯·冯·希尔德布兰特（Johan Lucas von Hilderbrandt，1668—1754）的威尼斯宏伟室内风格相结合。希尔德布兰特的1713年至1716年设计的多恩-金斯基宫（Dawn-Kinsky）和他的18世纪20年代早期的上贝尔维迪宫（Upper Belredere）都处于奥地利洛可可装饰的前列。

在普鲁士，一位伟大的建筑师领导了柏林的巴洛克艺术，这就是安德烈斯·施鲁特（Andreas Schliite，1664—1714），他1694年自华沙来到柏林。施鲁特喜爱在他的室内设计中广泛地使用雕塑，并且比许多同时代人更多地表现室内装饰的细节。1714年，他搬到圣彼得堡。在俄国，如同斯堪的纳维亚一样，巴洛克建筑和装饰思想都由国外的艺匠和装饰师引进和传播。这些人被彼得大帝引进俄国，作为国家现代化的一部分，他们也同样得到了他的女儿和后继者伊丽莎白的赞助。这一阶段的主要建筑师是让·巴普蒂斯特·亚历山大·勒·布隆（Jean Baptiste Alexandre le Blond，1679—1719），他的主要灵感来源于凡尔赛宫；多曼尼科·特雷斯尼（Domenico Tressini，1670—1734）以荷兰巴洛克风格进行创作，建造了圣彼得堡附近的沙皇夏宫；最著名的建筑师是巴尔托洛缪·拉斯特雷利（Barto lomeo Rastrelli，1700—1771），他为皇后在圣彼得堡重新修建了四座皇宫。他特别擅长创造富丽堂皇的装饰效果，如在沙皇斯科·塞罗（Tsarskoe Selo）宫的房间设计中，全部用琥珀地板。拉斯特雷利的职业生涯跨越了两种风格——巴洛克和传遍欧洲的洛可可风格。

第二节　洛可可时期的室内设计

没有一种风格比洛可可更清晰地与其历史相连，尤其是在室内装饰艺术中，洛可可风格得到了最充分的表达。具有讽刺意味的是，由于洛可可是一种几乎与古典毫无瓜葛的风格，它的室内设计风格是第一个在装饰以及家具之间取得了完全综合的一种风格。华丽美妙的家具是独立的，像大工艺家克雷桑（Cressent）、戈德罗克斯（Gaudreaux）、迪布瓦（Dubois）和德拉努瓦（Delanois）所设计的法国洛可可家具，孤立起来看都很美，但只有摆在室内才会充分体现出它的装饰意义，因为它常常是为某一室内特别设计的，许多绘画、雕塑、陶瓷和纺织品也同样如此。

洛可可是欧洲艺术中贵族理想最后一次富有创造力的完美表现。它的来源多而且复杂，意大利人和法国人都声明是发明者。尽管人们对于洛可可绘画诞生于意大利还有争论，但它在室内装饰中的首次露面是在法国，这是可以肯定的。这时的欧洲已从罗马巴洛克室内的影响转开，去寻找凡尔赛宫华丽的新别墅所展示的趣味。因此小型的凡尔赛宫遍布欧洲，但比建筑本身更能吸引王储们的是室内设计和象征意义。闪耀的镜廊，以其前所未有的规模和美轮美奂的设计，征服了他们的心，这才是他们最想要移植到意大利、德国、奥地利（图 2—5）、荷兰或英国宫殿中的室内模型，尽管对于镜廊在任意规模上的模仿直到 19 世纪才能实现。但是在凡尔赛宫的壮丽外表的后面，路易十四需要周期性地躲开由他一手创立的刻板的宫廷生活，到他的特里亚农宫和玛利别墅中去逍遥。

图 2—5　梅尔克隐修道院图书馆
（奥地利　1702）

1687 年，弗朗索瓦·芒萨尔的外甥朱尔·阿杜安-芒萨尔用现在我们可以看到的大特里亚农宫替代了原先的勒·沃的特里亚农瓷宫。这一单层建筑中，露天柱廊连接了它的两个部分，没有了凡尔赛宫浓重的巴洛克装饰特点。

芒萨尔是以巴洛克别墅和旅馆建筑师身份开始他的职业生涯的，他极富创造力。凡尔赛宫的建筑，玛利别墅和特里亚农宫的许多大厅在芒萨尔的指导下在 17 世纪 90 年代被重新装修，巴洛克的柱子和壁柱消失了，沉重的嵌板和笨重的壁炉饰架也消失了。在新装修的宫殿里，可以看到轻盈的嵌板，精致的檐口，以及洛可可初期最重要的革新之一——壁炉上方的大镜子。有些洛可可后期才采用的特点在这里都已经出现了，如墙上突出用来放置花瓶的托架，海贝壳和阿拉伯式蔓藤花纹（也称海藻纹样）装饰在壁炉的颈部。

阿拉伯式蔓藤图案是装饰在洛可可墙壁嵌板、灰泥制品和家具上的精美图案，它取代了不对称的雕刻或彩绘装饰。阿拉伯式图案源自阿拉伯，但它的许多形式却来自拉斐尔和乔凡尼·达·乌迪内的怪异装饰，他们创作的式样被路易十三时代的法国热切采用，运用到韦拉塞夫的柯伯特密室的室内装饰之中。让·贝兰（1640—1711）对这些怪异风格作了一些改变，将它们的构成元素变细，使它更加轻盈空灵，并将它与来自阿拉伯的图案相结合，从而形成了洛可可设计的主要特点。阿拉伯式的交织图案很长时期以来已经用于法国一些装饰艺术中，如书籍装帧，镶嵌工艺，绣花和园艺。这种交织图案以它自己的特点——带饰或条饰，发展成一种成熟的装饰纹样，并在德国成为王室的主要装饰主题。

贝兰和克洛德·奥德朗（Claude Audran，1657—1734）的雕版图对传播怪异装饰的新风格起到了重要作用。从这些奇异风格中又出现了许多新的类型，这些都成为这个阶段优秀室内设计的基础：自然主义的植物和花，展开的翅膀，有花纹的圆雕饰（常放在墙的中央或门嵌板的中央），贝壳、花和蔓叶饰及垂花饰，甚至还有波纹图案。这两位设计家还引进了中国题材和幽默的猴子图案，用于室内的装饰中，其中最著名的例子是在尚蒂利（Chantilly）的小猴子和大猴子为主题的装饰（1735），由奥德朗的合作者克里斯托弗·于特（Christophe Huet）完成。中国时尚在 18 世纪早期在洛可可的影响之下迅速传播开来。龙、奇异的鸟，独特装束的中国人物等图案出现在墙面、纺织品、家具和陶瓷上。有时整个房间都用中国风格来装饰（图 2—6）。于特和让·皮勒曼特（Jean

图 2—6　雷勒宫中的中国厅
（都灵）

Pillement）的设计被整个欧洲效仿，皮勒曼特的影响最大，在他的影响下，洛可可的中国装饰常被称为皮勒曼特风格。伯雷为壁炉台也创作了不少作品。他的设计，像马罗特（Marot）的那些设计一样，减小了壁炉的规模，而强调了与洛可可室内相一致的舒适感。洛可可用壁炉装饰品替代了巴洛克的固定笨重的壁炉饰架，这些装饰品包括一个放在中央位置的大钟，钟的两侧对称地摆放着陶瓷花瓶，这种布置一直延续到今天的室内装饰中。

《王太子在其默东（Meudon）的密室中》这幅肖像画，显示了法国从巴洛克后期向洛可可初期过渡的一种室内设计风尚。

在此大约 40 年前，凡尔赛宫的布戈涅公爵的卧室设计，已大大地前进了一步，该房间有洛可可室内装饰的两个突出特点，即压低的穹顶和带支架的中楣。甚至年迈的路易十四也准备允许让他的卧室——凡尔赛宫最重要的房间——以 18 世纪早期的现代趣味进行重新装饰，建筑上仍然是宏伟的气派，有科林斯式的壁柱，但重要的是，它采用了新的精细风格，并绘上最新的色调——白色和金色。两块大型壁饰架上的镜子面对面悬挂着，创造出无限的幻觉空间，这是洛可可喜欢用的装饰风格。

图 2—7 斯图皮尼吉的卡西亚宫的中央大厅

尽管洛可可风格中的许多重要的进展也出现在僧侣室内，像巴黎圣母院和圣叙尔皮斯教堂，但洛可可风格取得最快的发展是在法国的住宅设计中（图 2—7）。在 1699 年，路易十四指派芒萨尔为 13 岁的布戈涅女公爵装饰梅纳日里小别墅。神话题材太严肃了，应该用"青春活泼"的题材代替，"必须到处充满孩童气息"。克洛德·奥德朗为这所房屋的装饰绘制了设计图样，他的设计包括天花板上极其精细的阿拉伯式图案，在花环，垂花饰和蔓叶图案中穿插了少女、动物、鸟、饰带和箭的图案，所有的图案都用新鲜色调描绘，远离了巴洛克的沉重、含义深远的寓言式风格。国王对装饰效果甚感满意，称赞它们是"迷人"和"出色"的，这暗示了他趣味的转变。从一开始，洛可可就似乎抓住了时尚的心理，从而能够迅速地传遍欧洲。

作为第一批清晰反映洛可可设计风格形成演变的设计之作是皮埃尔·勒·波特设计的凡尔赛宫的牛眼窗接待厅。它的门窗洞口上悬挂着花环饰和贝壳饰，这些饰物的上面是交差的支架和花环中楣、牛眼窗的天花和格架，以及上面的有镀金浅浮雕腾跃的天使图案，形成了该厅最突出的特点。熠熠闪光的镜子在装饰中起了重要作用，成为白金色调雕刻的

图2—8　塔滕巴赫宫的
室内一角

衬托。在17世纪60年代，皇家镜子工厂建立以后，为皇室住宅提供各种尺寸的镜子成为轻而易举的事了，因此，在洛可可时期，几乎每一重要的室内都至少要有一面镜子（图2—8）。

路易十四 1715 年逝世, 他的逝世使法国笼罩了乌云, 凡尔赛宫变得很压抑, 年轻的皇族成员们纷纷投入巴黎的玛丽女公爵和奥尔良公爵的圈子中。正是在这样的气氛下, 伟大世纪的理想让位于新的比较舒适、优雅和自由的风格, 宏伟是一种过去的渴望, 表现欲望被贪图享乐的欲望所取代。夏特莱夫人的《论幸福》, 写于 18 世纪 40 年代, 虽然直到 1779 年才发表, 但它描述了洛可可存在的许多理由:"……在这个世界上除了为我们自己获得感觉和情感之外别无它事可做。"因此大部分的流行装饰题材都是与令人愉悦的娱乐项目联系在一起的, 如狩猎、恋爱、音乐和乡村生活, 像中国风格的装饰品和绿松石这样的富有幻想力的题材也是寻求新娱乐的一部分。这与许多洛可可绘画题材是呼应的, 从华托的田园牧歌式的游乐画, 到德波特 (Desportes) 和乌德里 (Oudry) 的游戏场面, 以及夏尔丹 (Chardin) 的静物画, 无不体现出追求享乐的愿望。

在 1710 年, 建筑师勒·布隆 (Le Blond) 概括出在一个巴黎城市房屋的典型特点——伊甸园。他认为一套完全为娱乐和接待而设计的建筑, 应该是有一个门廊, 一个前厅, 一个正厅, 一间卧室和一间书房, 密室和化妆间在条件允许的情况下也会有。17 世纪老式的二层楼式的大厅被一层高的大厅所取代, 在主楼或楼上的房间趋于小型化, 为的是更易加热、更舒适而非为展示, 亲密性因此成为法国洛可可室内的特点之一, 并完美地与它的许多小装饰品保持一致。即使在一个适度宏伟的房内，其规模也比巴洛克的相似大厅小得多。

　　法国洛可可发展的第一篇章是在摄政时期。路易十四的外甥奥尔良公爵成为年轻的路易十五的摄政王，从 1715 年到 1723 年，历时 9 年。摄政王将巴黎作为他的政府所在地，住在皇家宫殿。尽管宫廷在 1720 年回到了凡尔赛宫，但巴黎仍然是欧洲的艺术中心。摄政王是一位对建筑和装饰有着浓厚兴趣的优秀鉴赏家，皇家宫殿本身就体现了这个阶段的主要艺术成就：画家安托万·华托，重要的装饰师设计吉勒-马利·奥佩诺德 (Gilles-Marie Oppenordt) 和木雕刻家让·贝尔纳·托罗 (Jean Bernard Toro，1672—1731) 在那里都受到了欢迎。与弗朗索瓦-安托万·瓦塞 (Fransois-Antonie Vasse，1681—1736) 一起，对摄政时期和早期洛可可风格的发展产生了深远的影响。

　　奥佩诺德 (1672—1742) 从 1692 年到 1699 年生活在罗马，在那里普罗密尼 (Borromini) 对他的思想产生了主要影响。奥佩诺德来自工艺师和装饰师的家庭，他能够将自己的思想迅速地转化到灿烂的室内装饰之中，这得力于他的许多绘画技巧。他采用巨大的漩涡装饰，战利品和飞翔的少年天使装饰图案，显示了他在意大利学习时就已拥有的对雕塑装饰的热爱。1716 年托罗制作了一系列的雕刻作品，包括漩涡形设计，这种设计与奥德朗和吉洛 (Gillot) 的怪异设计一起无疑影响了奥佩诺德。奥佩诺德还以他的精致的铸铁工艺设计著称，许多被采用到洛可可风格的内外楼梯和栏杆上。洛可可可以说是一种完全与学院派相对立富有超级想象力和创造力的风格。

法国摄政或早期洛可可时期的室内设计，其特点是：以壁炉架为中心的装饰，在开口处有 S 形曲线，这是洛可可装饰中随处可见的特点。壁炉饰架上有高高的镜子，在窗间壁台上方有一面或多面壁镜与之相呼应。壁炉用白色或彩色大理石制成，常常有富丽的镀金铜底座，可与当代家具的底座装饰相媲美。在图卢兹旅馆（Hotel de Toulouse）设计中，还将镀金枝状大烛台装饰作为壁炉装饰的一部分，然而这并非罕见。有时整面墙都饰以镜子。但最有魅力的做法是可滑行的百叶窗，白天巧妙地隐在嵌板内，夜晚则拉出遮住窗户。壁炉上的大理石与窗间壁台上的石板相呼应，大理石品种从红色、黄色、紫色和灰色条纹的大理石，到意大利的红纹大理石和各种紫色石头以及黑色和白色豪华纯色石材。大理石也用于地面铺设，常是黑色和白色，排列成方形或菱形图案。但土质和木质的地板更普遍些，后者从品质上划分很多品种，从华丽的镶嵌拼花地板到简单的木制板块。

所有的开口处如门框和窗子都有圆的或椭圆的上框，或者压低的拱形框，镜子也是如此。窗台不断地降低直至与地面水平而成为落地窗，并经常开口到一露台或阳台上，在英国，这种窗被称作"法国窗户"。房间的主要特点，除了门以外，现在一般都延伸到檐口，墙壁上有强烈的直线条以严格划分装饰区域。总的说来，法国在整个洛可可时期都保持了直角的房子和平坦的天花，精细的墙面装饰与朴素天花，通过其表面的特质而完美地表现出来。

有时，墙面嵌板保留自然木质效果，特别是在乡村，但更普遍的则是彩绘。比较受欢迎的色调是象牙白和金色。1730 年，纪尧姆（Guillaume）和艾蒂安－西蒙·马丁兄弟（Etienne-Simon Martin）模仿中国漆饰发明了一种清漆，用于家具和墙面上。这种漆以发明者的名字命名，称为"马丁漆"，它通常与一种丰富的绿色相关联，它能使物体表面像上了一层瓷器釉一样，它一般用在较小的房间，如路易十四在凡尔赛宫的小密室，在这里国王可以从宫廷的清规戒律中逃脱出来。在凡尔赛宫的法国皇太子和皇太子妃的寓所里有一间保持良好的房子，在护壁板上有雕刻的花，护壁板漆上明亮的自然色彩。马丁漆优于法国以前所产生的任何一种模仿漆，漆饰时尚是自 17 世纪后期才开始存在。

绘画被安排到一个事先指定的地方，一般局限于门顶装饰，正是从这一作用出发，这时期人们考虑到了绘画的目的。摄政时期对称的装饰画风格，在这个时期变成了 S 形曲线。较知名的画家有弗朗索瓦·布歇（Francois Boucher）、卡尔·冯·洛

（Carle Van Lro）、皮埃尔-夏尔·特雷莫利埃（Pierre-Charles Tremolieres）和让-奥诺雷·弗拉戈纳尔（Jean-Honore Frago-nard）。在选材上，像《四季》和《诸神之爱》之类的题材非常流行。由于在法国洛可可中很少用强烈的墙壁色彩，因而这些绘画闪烁的色彩和珍珠似的肉色调被优雅的白和金色墙壁背景完美地衬托出来。

让·奥贝尔（卒于 1741 年）是尚蒂利音乐厅的设计者，他开始是芒萨尔的绘图员，但后来成为波旁-孔代公爵的宫廷建筑师，并且成为洛可可最优秀的装饰设计师之一，在尚蒂利的工作完成之后，他的主要工作是为拉塞侯爵（Marquis de Lassay）在 1722 年至 1728 年间建造的拉塞宫作室内设计。尽管出现了变化，但奥贝尔最初的装饰表现了洛可可风格的一种自由和华丽的特点：腾跃的镀金形式同较大的角落漩涡装饰蔓延到檐口上和护壁板上，这标志着绮丽流派开始出现了。路易十五时代正是洛可可风格得到充分发展的时期，因此很巧合地使用了"路易十五的风格"这一称呼。

洛可可不仅在法国，在欧洲其他地方也得到很好的传播，虽然抵制进口法国时尚和帕拉第奥建筑流派的堑沟都共同限制了它在英国的应用。但摄政时期，国外统治者不仅在建筑上，而且在装饰他们的宫殿上都征求法国建筑师的意见。从 18 世纪 20 年代开始，各地的天才在法国以外涌现出来，不过他们的设计仍然强烈地受到法国影响。

到 18 世纪 30 年代，成熟的洛可可装饰中的两个突出特点呈现出来——不对称和罗卡尔。罗卡尔（Rocaille）有时被用作是洛可可（Rococo）的同义词，实际上关涉到一种特殊的装饰类型，与岩穴中的贝壳形工艺相关。华托已给我们留下了一幅海贝形的绘画（巴黎，荷兰学会），其中的 S 形曲线和波状轮廓线浓缩了罗卡尔装饰的许多特点。在洛可可装饰中的不规则裂贝壳形和在较早期的室内中采用的对称形贝壳装饰之间的差别是产生洛可可的基础。18 世纪 20 年代后期与彼诺（Pineau）一起，主宰装饰设计风格的是朱斯特·奥雷勒·梅索尼埃（Juste Aurele Meissonier，1695—1750）。他出生于意大利的都灵，但他是普罗旺斯（法国东南部）人，作为一名金匠的经历使他拥有比彼诺更多的三维空间感觉。在 1726 年，他成为国王的装饰设计家，如同在他之前的让·贝协因一样的角色，这一地位确保了他的影响广泛传播以及洛可可风格的迅速传播。

1734 年梅索尼埃成功地发表了他的《装饰书》，该书不仅包括了装饰设计图式而且也包括了建筑，喷泉和其他的设计发明。奇异的结构全部由曲线和抽象的花园石贝形状组成，涌出的瀑布和喷泉，蔓延的植物、动物和鱼，这些都使整体结构更加生动活泼。所有这些元素，包括水很快进入了装饰师的词汇中，成为著名的"绮丽流派"。画家夏尔·安托万·夸佩尔（Charles

Antoide Coypel）在 1726 年首先用这一称呼并将此风格描述成："自然效果的一种非同凡响的选择"。奥佩诺德和托罗在非对称上已经做了很多的尝试，但完善了这一洛可可风格重要特点的是梅索尼埃，非对称形式被称为"对比"。

　　像雅克·德·拉茹（1686—1761）一样，梅索尼埃的重要性不在于他的实际操作，而在于他的雕刻术，而彼诺则是最伟大的装饰设计家。他在巴黎做过许多重要的室内设计，但几乎没有一个能完整地保存下来。那些来自别墅官邸的设计现存于白金汉郡的沃德斯顿庄园中，其他的则存在于罗克洛尔宫邸中和梅森宫中。彼诺的大部分绘图收藏在巴黎的装饰艺术博物馆中，巴黎印刷商马雷特的雕版图记录了他的令人难以置信的丰富的发明。几乎所有东西都变成了各种形状的植物：墙壁嵌板上的模制变成芦苇，周围的卷须包裹着它们，棕榈树和其他的自然式样的苗芽围绕着镜子。彼诺的职业被称为雕塑师，不仅要实现在纸上构思的设计，而且还要在保持最高的技巧水平时进行即席创作和设计。

　　彼诺的风格充分展现在 1750 年设计的梅森宫中，这是法国最优秀的洛可可室内住宅设计。它所代表的法国洛可可的主要特点是：矩形和平坦的墙面，这两个特点是巴洛克风格中的意大利和德国建筑师以及设计师常常避免的。这时期只有一点仍运用了巴洛克的原则——动感原则，也是贝尼尼和普罗密尼建筑中的固有特点，这就是苏比斯宫的公主大厅。

洛可可是为巴黎的贵族们所创造的，凡尔赛宫直到18世纪30年代才开始采用这种风格。在这之间的许多年里其装饰雕刻都宛若游丝蝉翼，看起来似乎是自然地散布到每一表面，很容易理解为什么这种装饰形式会激怒新古典前期的理性设计和知识分子，对于他们来说，这种形式缺乏目的性，太过直接。反对洛可可的风格实际上比想象的要早些，在18世纪40年代就开始了。

法国家具在这段时期的室内装饰中担当了一个非常重要的角色，它的发展很大程度上得力于巴黎商人或家具商。他们将家具提供给皇室顾客，如路易十五、蓬巴杜尔夫人和孔德亲王，以及许多私人赞助者。他们对趣味的影响是相当大的，因为他们雇用独立的设计师和工艺师，尽管他们并无自己的工厂。在这些受雇的家具师中主要的有马丁·卡兰（Martin Carlin）和贝尔纳二世·凡·雷森伯格（Bernard Ⅱ Van Risenburgh），后者现在被认为是法国18世纪最伟大的家具设计师。

德国洛可可的设计风格是丰富多彩的，其主要原因是：这个国家仍然是由独立的小国组成，各王子之间的竞争导致了建筑杰作纷呈迭出（图2—9），而在法国竞争只局限于巴黎和它的周围。这种风格在德国真正最早的创立者是在巴黎学习过的德

图2—9　德国波莫斯费尔顿宫

国人。这个世纪中许多最优秀的法国家具师如让-弗朗索瓦·欧本（Jean-Franscois Oeben）、让-亨里·里兹内尔（Jean-Henri Riesener）和达维德·伦琴（David Roentgen）都是出生于德国。由园艺师转变成建筑师的约瑟夫·埃夫纳（Joseph Effner，1687—1745）也在巴黎得到培训。在他的监督之下，重新设计装饰了位于慕尼黑郊外的尼姆劳伯格花园的塔堡（1716—1719）。塔堡这一名称取自异国情调的中国风格，在德国很受欢迎，有利于形成巴伐利亚洛可可风格特点的精细微妙之处。那里还有一个显著的特点，即采用灰泥和瓷砖贴于镶板上，替代了法国的护壁板，德国洛可可装饰在住宅和宗教建筑室内的这些主要特点归功于灰泥和石膏工的伟大成就。

洛可可风格最精通的设计家是一个侏儒——弗朗索瓦·迪·居维利埃（Franscois du Cuvillies，1695—1768），他从1711年开始是马克西米连二世·埃马努埃尔的侍者；当他的主人被驱逐去法国的时候，他也随之去法国。居维利埃的天才在于将他在法国学到的东西转变成一种全新的洛可可模式，而且达到尽善尽美的地步。在 43 年的漫长时期中，他创造了最伟大的洛可可室内设计杰作。在 1720 年至 1724 年他又在巴黎与小弗朗索瓦·布隆代尔一起学习，回到德国不久，他的风格就更

趋完善了，并在法尔肯卢斯特（Falkenlust）狩猎宫殿的设计改造中发挥了设计才能，该宫殿位于科隆附近的布吕尔城堡中（1729 年至 1740 年间），这里的所有装饰特点后来都进一步在他的阿马林堡宫中得到了发展（图 2—10）。杰出的建筑规划和各种程度的精心装饰，从蓝色、白色瓷片覆盖的楼梯到精巧的镜框，所有这些都体现了一种在当时的法国无法与之相比的和谐统一。

图 2—10　阿马林堡镜厅
（尼姆芬堡慕尼黑
1734—1739）

一系列的设计和建造，使整个德国土地上出现了对洛可可风格前所未有的狂热，许多在 17 世纪、18 世纪之交时以巴洛克风格开始的巨大宫殿最终却由洛可可工艺师来进行装饰，如在德累斯顿为强大的波兰国王和萨克森的侯爵奥古斯丁修建的茨

温格尔宫，在维尔茨堡为美因茨侯爵修建的波默斯费尔登庄园、布吕尔庄园，惊人的后期巴洛克楼梯设计则充满了洛可可的灰泥石膏和雕塑装饰，这代表了戏剧化的建筑和装饰之间的平衡，这种平衡使德国洛可可在它最繁华时期声名远扬。

在英国，洛可可不仅在装饰设计之外没有产生什么影响，而且还被建筑师有意识地拒绝。在 1715 年至 1760 年这个时期内英国人完全拒绝雷恩（Wren）、范布勒（Vanbrugh）和霍克斯穆尔（Hawksmoor）的后期巴洛克风格，而偏爱安德烈亚·帕拉第奥的建筑原则的复兴，帕拉第奥思想已经在英国一个世纪之前的伊尼戈·琼斯（Inigo Jones）的作品中找到了丰厚的土壤，琼斯的帕拉第奥式设计似乎是完美的回应。辉格党的第二代不喜欢外国艺术与斯图亚特王朝相联，寻求一种"正确的"和"优雅的"风格，不带丝毫巴洛克色彩；洛可可风格的升降与英国的帕拉第奥风格的兴衰是同步的，雕版图书为这一风格的生长和散播起到了一个关键作用。伯林顿伯爵理查德·博伊尔（Richard Boyle，1694—1753）也在 1715 年从意大利回到英国，正是他对帕拉第奥建筑的渊博知识和他收集的建筑师本人的精湛绘图使他成为 18 世纪英国建筑上的一个重要人物。

正如琼斯所发现，帕拉第奥的室内在依赖完美比例和置放每一细节的效果上基本上是与他的建筑外观相似的，帕拉第奥室内以后进行的许多装饰都几乎与它们的创造者的最初意图无关。英国的气候阻碍了壁画的使用，英国的帕拉第奥室内设计部分基于帕拉第奥和琼斯的风格语言，部分基于巴洛克的装饰手法。这种结合产生了一些欧洲最著名的室内设计作品，如在诺福克（Norfolk）的霍尔汉姆大厅中的门厅，就将罗马的长方形会堂和来自帕拉第奥和维特鲁威的特点与充满了巴洛克激情的一座楼梯结合起来。在帕拉第奥和琼斯的设计思想的基础上，伯林顿、肯特、坎贝尔等人创造了独特的英国式样——肯特设计的米尔沃斯城堡（1723）和奇斯威克宫，这两个室内设计都仿效帕拉第奥的圆厅别墅，二者都在诺福克郡。

坎贝尔对伯林顿伯爵在皮卡迪利城市的住宅进行重新修建，创立了新风格时尚，在伦敦 44 号贝克利广场，肯特（Kent，1685—1748）设计了这个时期最华丽的室内，这是为伊莎巴贝拉·芬奇夫人伯林顿的一个亲戚所作的设计。肯特在很大程度上效仿琼斯，特别是壁炉设计，肯特为芬奇夫人设计了一间会客厅，概括了英国帕拉第奥装饰的最初阶段的许多语汇。天鹅绒壁挂通常与沉重的建筑门框或窗户相连，所有这些的顶端有大的天花檐口并且用古典的格子平顶，如在伯克利广场和霍尔汉姆宫。木制品通常是淡色调，细节处为金色，与深色壁挂相协调，并创造了一种华丽又拘谨的风格。有些室内，如霍顿（Houghton）的绿色贵宾卧室，织锦壁挂在明朗的白色和金色石膏制品和一大的绘画天花的背景下，与深色木门以及地面互补，在这里，巨大贝壳形的床头顶端嵌进了一不完整的三角楣饰中，代表了肯特对家具的非同凡响的处理，他用这种方法填补了这个时期许多室内的空间。建筑上，如大量使用的威尼斯人或塞尔维亚人的三联窗式并常常主宰了帕拉第奥的室内设计，如奇斯威克别墅。当法国洛可可以其精细的，非建筑特点的装饰反映了巴黎复杂的城市生活的同时，英国的帕拉第奥建筑主义却是一个拥有土地的贵族的象征，贵族的宫殿位于他们的乡村地产中心。

这一时期英国的大部分室内还充斥着巴洛克式的家具，但喜欢巡游的英国人出于对意大利家具的热爱，收藏其家具，以至使主要的建筑转变成收藏品展示厅，这并成为一种时尚。帕拉第奥室内设计的直线特点为这样的收藏品提供了最好的展示场所，在固定装饰（如门、窗和壁炉这样的功能区域）和墙面上豪华装饰框架之间，绘画起着一种平衡关系。罗伯特·亚当非常重视建筑形式与装饰处理的对比，如在霍尔汉宫，锦缎壁挂、绘画装饰与雕塑壁龛、彩绘石膏墙交替使用。

帕拉第奥的建筑原则被第二代建筑师所继承，包括罗伯特·泰勒（Robert Taylor）爵士、约克的约翰·卡尔（John Carr）和詹姆士·佩恩（James Paine），然而他们的室内设计很少能达到早期设计师的水平。尽管英国的洛可可装饰主要用于家具上，但它在室内设计中也零星地出现，通常是一种外在的形式而非内在的部分，它的魅力在于它能够随心所欲地加在任何存在的设置中，并常常呈现出奇异的效果。在英国没有重要的国外洛可可建筑师，与这种风格的接触主要是来自家具设计和其他的雕刻工作（图 2—11）。委托国外艺术家设计的东西很少，金斯顿公爵受伟大的于斯特-奥勒雷·梅索尼埃委托只设计银制品。甚至在 1739 年，当威廉·琼斯发表了《绅士或建筑者同伴》一书时，洛可可风格还未完全被消化；为白金汉郡的克莱顿宫创作了英国最具代表性的洛可可装饰项目的天才雕刻师卢克·赖特富特（Luke Lightfoot）仍然是一个神秘的人物。

图 2—11　诺斯泰尔修道院餐厅（西约克郡　18 世纪中叶）

洛可可的两个支流在英国产生了一定数量的室内设计作品

和风格：中国艺术风格和哥特风格。前者通常局限于细节，有时是整个房间用中国壁纸，而哥特风格在 1742 年巴蒂·兰利的《改良哥特式建筑》发表之后普遍流行起来。这包括"哥特壁炉"的雕刻设计，这种设计与中世纪的室内设计毫无相似之处。这种风格得到了建筑师桑德森·米勒（Sanderson Miller）的提倡，但第一次使这种风格达到真正顶峰的是沃波尔（Walpole）在伦敦附近的特威克纳姆（Twickenham）的草莓山冈所作的别墅设计（图

图 2—12　特威克纳姆草莓山冈别墅长廊（1763）

2—12）。在走廊中大量的真正中世纪的装饰被应用到细节设计中（如穹顶设计是效仿在威斯敏斯特修道院的亨利七世小礼拜堂的穹顶），其效果尽管不令人满意，却预示了 19 世纪早期的哥特式复兴的开始。亚当、怀亚特和其他许多建筑师确保了这种风格在 18 世纪下半期的持久风行。这期间英国的家具设计成绩斐然，出现了像齐宾代尔（Thomas Chippendale，1718—1779）、亚当兄弟、赫巴怀特和谢拉顿这样的大师，从而奠定了英国家具在世界家具史上的重要位置，并与这一时期的室内达到了完美的统一。

这个世纪早期的美国，室内设计中窗扇的设计成为一个明

显特点，嵌板以一种更建筑化的方法镶嵌。在弗吉尼亚的斯特拉特福德厅（始于 1725 年），木嵌板比 17 世纪的任何木嵌板都更加精细，这样的嵌板通常是松木彩绘做成，胡桃木和桃花心木用于门和楼梯上。在查尔斯顿附近的德雷顿厅的设计（1738 年至 1742 年），最早反映了帕拉第奥思想，厅中的壁炉是基于伊尼戈·琼斯的设计基础。殖民地的第一个具有中国风格的室内是弗吉尼亚的冈斯顿大厅的餐厅（建于 1755 年至 1759 年间），在餐厅中，木制品的雕刻由英国人威廉·巴克兰（William Bulkland，出生于 1734 年）完成。客厅是古典式的，有亚当风格的大理石壁炉架。像英国一样，美国欣然地采用帕拉第奥风格，拒绝洛可可的奢华无度，喜欢帕拉第奥的简洁，认为这种风格最好地体现了实用与美观、繁荣与良好教养的平衡结合。托马斯·杰弗逊（Thomas Jefferson，1743—1826）从英国建筑师詹姆斯·吉布斯（James Gibbs）那里发展了许多思想，但后来却比较喜欢把最简洁的古典式样用于室内和室外设计中，他自己的蒙蒂塞洛别墅最好地表现了他的风格。

杰弗逊的帕拉第奥与英国亚当学派的新古典主义和塞缪尔·麦金太尔（Samuel Mcintyre，1757—1811）比较接近。查尔斯·布尔芬奇（Charles Bulfinch，1763—1864）和英国出生的本杰明·拉特罗布（Benjamin Latrobe，1764—1820）的转变时期的风格直接导致了美国罗曼蒂克风格设计的出现。

第 3 章

新古典主义与古典复兴时期的室内设计

"新古典主义"一词首先出现于19世纪80年代,它强调一种简朴、挺拔的直线型的室内设计风格,并以此取代自然而舒适的洛可可风格。实际上,"新古典主义"这个名称概括了各种不同的风格,包括了一些欧洲最优雅的室内设计,如别致的法国帝政式风格。所有不同形式的新古典主义在不同的阶段都有一个目的——模仿或者唤起古代世界的艺术风格。结果出现了一种在法国、英国、意大利、西班牙、德国、俄国、丹麦甚至整个欧洲一出现就得到欢迎的国际化风格。

第一节　新古典主义的室内设计

古希腊的室内设计基本上没有保存下来什么实物,法国帝政时期最伟大的设计家拜西埃(Percier)和封丹(Fontaine)曾在1812年他们自己的作品集《室内装饰集粹》的介绍中对此深感遗憾。虽然希腊建筑和它的细节从18世纪中期开始就通过像罗伯特·伍德(Robert Wood)的《帕尔米拉的遗址》(1753)、《巴尔贝克废墟》(1757)、斯图亚特和雷韦特(Revett)的《雅典古迹》(1762)几本书在欧洲广为人知,但是,室内设计师们仍然依靠一些偶然收集到的素材来建构古典建筑和室内设计的思想。1750年后庞贝和赫库兰尼姆遗址的挖掘为设计师提供了新的灵感,因此,古罗马的公共建筑可以通过原始遗址也可以通过阿尔伯蒂、帕拉第奥和其他大师的作品中看到。正如我们所见到的，帕拉第奥对罗马浴室和寺庙的改造创造了他自己的室内设计风格，虽然这种重造与古代的住房和宫殿无关，然而，他的风格主宰了英国在新古典主义时期之前的室内设计，也令人吃惊地主宰了洛可可时期法国学院派的设计思想。

尽管新古典主义的设计到 1800 年时已经可以说是国际化了，但它的发展以及发展的原因在各个国家之间却不尽相同。意大利有大量的罗马建筑，并且成为各国新古典主义艺术家的灵感来源，它自己的这种风格发展却是不稳定的和间歇性的。法国与古典主义有着永久的不解之缘，甚至早在洛可可的最顶峰时期就已准备好完全投入到这种新的风格之中，并且成为第一个提出反巴洛克和洛可可理论的国家。英国的帕拉第奥建筑师设计了竖立着柱子和三角楣饰的室内，尽管罗伯特·亚当的早期室内被描述成"小绣片"，但他的公共建筑至少已经含有了古典思想。其他的国家，如俄国和斯堪的纳维亚很快采纳了这种新时尚并且普及开来。德国和奥地利及其他欧洲国家已经大部分废除了洛可可风格之后的很长时间内，出现了许多仍然以这种风格进行室内设计的杰作，但一旦采纳了新古典主义之后，他们的激情甚至超过了他们的竞争对手们，复兴古典的第一个狂热爱好者是德国学者温克尔曼。而对于美国这个新独立的国家来讲，由于古代建筑的复兴就代表了最近获得的自由，因而它的到来似乎成了一个异乎寻常的机会。

在这里还无法列出新古典主义作为一个整体运动的所有主要事件，但需要强调的是，早在 1693 年，费奈隆（Fenelon）已经表达出这样的思想：古典主义是一种让每一艺术都能平等地舒畅地表达的艺术。除了巴洛克和洛可可，这是一个被许多艺术家和思想家所珍爱的理想，对古典遗址的不断发掘刺激了它的发展。

温克尔曼（Winckelmann）于 1755 年定居在罗马，成为阿尔巴尼红衣主教的顾问，并发表了他的著作：《希腊绘画雕塑沉思录》（1755）和《古代艺术史》（1764）。这些书重新塑造了希腊的地位（他拥护希腊艺术而贬低罗马艺术），并带来了一种新的风格。他最强烈的对手威尼斯人乔瓦尼·巴蒂斯塔·皮拉内西（Giovanni Battista Piransi，1720—1778），也住在罗马，拥护罗马艺术。皮拉内西的最大的雕版图书系列包括《罗马风景》（1748—1778）、《罗马建筑古迹》（1756）和《宏伟的罗马建筑》，反映了他参与了 18 世纪 60 年代的希腊—罗马的论辩的思想。在他的其他作品中，比较直接地与室内装饰设计相关的是《装饰壁炉的各种方法》，以及他在赫库兰尼姆和哈德良别墅作的绘画，后来由他的儿子弗朗西斯科雕刻出来。皮拉内西反对温克尔曼欣赏的古代艺术高贵的单纯和静穆的伟大，而主张由规模巨大、形式多样和装饰绚丽的风格组成的一个更加浪漫的艺术类型和理想。

斯图亚特和雷韦特的《雅典古迹》一书的出版在勒罗伊
（Leroy）1758 年发表的系列雕版图书《希腊最宏伟的古迹废墟》
之后。自维特鲁威以来，人们对希腊文化优于罗马文化的观点
就开始争论不休，现在这种争论在法国和英国变得更加缜密和
激烈，争论的结果使德国的新古典主义最终偏向于希腊一边。
皮拉内西的罗马倾向影响了许多访问罗马的外国人，包括罗伯
特·亚当，法国画家贝尔·罗伯特和雅克·路易斯·克莱里索
（Jacues Louis Clerisseau），亚当与他一起在 1754 年去了斯帕拉
托（Spaluto）参观戴克里先宫。法国设计师与罗马新古典思想
的接触产生了一系列的建筑著作，其中最重要的是让-弗朗索
瓦·纳福尔热（Jean-Franscois Neufforge）的八卷本《基本建筑
集》（1757 年），以及让-弗朗索瓦·布隆代尔的《游乐宫布局》
（1737）和《法国建筑》（1752）等作品。

法国最早出现了丰富的和持续发展的新古典建筑和室内装
饰设计，并且从那里开始，新古典思想传播到德国和斯堪的纳
维亚地区。早在 18 世纪 30 年代许多建筑师和知识分子就已经
组织和设计了反叛洛可可风格的作品，比如苏比斯宫的公主大
厅，这是与经典的巴黎洛可可室内同时代的作品，它的出现预
示着彻底改变风格方向的时候到了。

法国新古典主义早期的主要建筑师是安热-雅克·加布里埃
尔（Ange-Jacques Gabriel，1698—1782）。他年轻时向父亲学习

建筑，并在 1741 年继承了父亲职位成为国王的总建筑师。路易十五给了他相当多的支持，他的主要公共建筑，如路易十五广场（现协和广场）、军事学院和贡比涅宫等，都显示了他忠于路易十四的古典主义风格。加布里埃尔也是一位天才的室内设计师，他早期在凡尔赛宫和枫丹白露为皇室创作的大部分室内作品仍然是洛可可风格，而在 1749 年的大特里亚农和小特里亚农之间的法国亭阁设计中，就已出现了一些新古典主义形式的元素，预示了他本人的设计风格向新古典主义转变的开始。他对科林斯柱式的采用完全与布隆代尔的观察一致，布隆代尔认为建筑的处理方法优于"空想的装饰"，室内外都是如此。

尽管小特里亚农的建筑规模较小，但它的室内外设计却代表了早期新古典主义风格。在外形上加布里埃尔采取了英国帕拉第奥式别墅风格，并以其优雅的新古典主义形式创作了法国最和谐的室内设计之一。该建筑开始于 1762 年，所有主要房间都呈矩形，整个墙面以柔和的灰白和其他淡雅色调为主。墙壁嵌板和镜框是直线形的或拱形的，模制和楣梁的外形都严格地按照古典方法制作。花冠、垂花饰、花环、叶形和战利品的装饰图案到处可见。门顶装饰也是严格的矩形，但由于加布里埃尔对比例的完美感觉和装饰元素的完美地使用，使整体气氛非常优雅而不是过分宏大。1768 年至 1772 年，在巴黎的海运部里，加布里埃尔更多地采用路易十四风格的修饰版本，在墙壁、门和天花上采用沉重的嵌板，与小特里亚农的无装饰天花形成强烈对比，同时加布里埃尔也采用了路易十六1774年在凡尔赛宫图书馆室内采用的装饰设计风格。

作为路易十五的首席建筑师加布里埃尔在凡尔赛宫中的主要工作是创造舒适的房间，也就是提供比大房间更多舒适更多亲切的小房间设计。科尚（Cochin）曾注意到"越是社会地位高的人，其住房越小"，这个自相矛盾的观点不仅被小特里亚农宫所证实，而且也确证于路易十五在凡尔赛宫的小房间设计。小房间的时尚始自社会的顶层，并且传播开去。加布里埃尔完善了这类小房间的装饰，简单的墙壁嵌板、门框和古典味的檐口，与简洁、带顶饰、有大镜子的大理石壁炉形成互补。

加布里埃尔于1775年从皇家服务岗位上退下来，他的建筑和室内装饰模式却被广泛地效仿。最成功地模仿其风格的建筑师是克洛德-尼古拉·勒杜（Claude-Nicolas Ledoux，1736—1806），后来成为一名主要的革命建筑师，而他在最初却是一名最受欢迎的宫廷设计师；18世纪的巴黎是宫廷建筑设计领导时尚的。勒杜的职业始于1762年为皇家卫队咖啡厅作室内设计，将整块的大镜子用嵌板分隔开，嵌板上饰以雕刻的战利品和镀金徽章，从而营造了欢快的军队气氛。

在 1766 年为哈维尔府邸进行设计时，勒杜进一步发展了加布里埃尔的风格，到 18 世纪 70 年代早期，他强烈的个人风格已体现在为蒙泰摩伦西府邸的客厅设计中，狭长的矩形嵌板构成框架，框架中的图案为优雅修长的人物造型，在带有螺旋形凹槽的基座上，花环、垂花饰和火炬等一直延伸到接近天花的高度；从简单的拱形装饰镜上悬挂下来穗缨，在两

图 3—1　德塞里利夫人的化妆室

边结成两个花环形饰件，从而形成华美优雅的壁面装饰形式。在德塞里利夫人设计的化妆室中，可以看到其设计风格的优雅和精确，他从古典设计语汇中撷取精华，形成了另一种奇异的装饰设计（图 3—1），如同 15 世纪早期在意大利由拉斐尔和乔瓦尼·达·乌迪内在梵蒂冈游廊的设计中所使用的奇异手法。拉斐尔为 17 世纪法国室内装饰设计提供了大量的灵感素材，也为洛可可抽象风格的形成提供了原始资料。1765 年，容贝（Jombert）的一套游廊装饰雕刻图版问世，同年宇塞斯府邸的装饰项目就开始反映他们所产生的影响。在这个阶段，

奇异装饰的复兴很大程度上归于神秘的夏尔-路易斯·克莱里索（Charles-louis Clerisseall，1720—1820），他是画家、建筑师和装饰设计师，深受同时代人的欣赏。克莱里索在18世纪70年代中期为格兰罗·德·拉·雷尼埃尔宫作室内装饰设计，其奇异之风使这种古典手法即刻变成时尚；随着1769年皮拉内西的著作《装饰壁炉的各种方法》在巴黎的畅销，伊特鲁里亚和埃及的装饰细节被添加到古典原型上。法国室内设计充分体现"伊特鲁里亚风格"的是枫丹白露的玛丽·安托瓦尼特的卧室（图3—2），在那里，大量的细节如门上方雕塑、彩绘云彩天花板等都远离亚当在奥斯特雷公园（1761—1780）的伊特鲁里亚房所作的纯粹设计，而更接近于文艺复兴时期的奇异风格。

图3—2 玛丽·安托瓦尼特的卧室（枫丹白露 1787）

其他值得一提的还有法国早期新古典主义装饰师路易-约瑟

夫·勒洛兰（Louis-Joseph le Lorrain，1715—1759）、让-夏尔·德拉福斯（Jean-charles Delafose，1734—1791）和皮埃尔-路易·莫罗-德普鲁（Pierre-Louis Moreau-Desproux，1739—1793）。勒洛兰18世纪40年代在罗马停留期间为喜庆节日作的一些设计，预示了以后20年在巴黎出现的许多设计。1754年在瑞典为阿开罗城堡作的室内设计中他采用了高大的柱子、壁龛和雕像等花饰，这些设计可以说是这个世纪中最早的新古典主义室内设计。德拉福斯与勒洛兰不同，他受过建筑师的职业培训，其考究的家具设计也是无可匹敌的。他的系列雕版图书，1768年发表的《新肖像历史》提供了图解古典装饰的机会，这是前所未有的。他们强调沉重的建筑装饰形式，如垂花饰、花环和深凹槽表面，并且赋予新古典题材从前所缺乏的象征主义意义。革命时代装饰中采用的主题就最早出现在他的设计中，如艺术、美德、历史、科学或人类的活动等等，在这方面，他的设计思想对工艺师们产生了重大的影响。作为室内设计师，他的作品在巴黎德尔巴尔和吉奥克斯府邸等室内中，丰富的雕刻细节（有时是恢复皮拉内西的丰富细节）与简洁的表面形式的对比，从而得到了强烈而优美的整体效果。

法国建筑师夏尔·德·瓦伊（Charles de Wailiy，1729—1798）独特的室内装饰设计风格曾被遗忘和低估。在罗马，他与莫罗-德普罗斯等人一起参与了考古挖掘工作，加上他对意大利文艺复兴和巴洛克建筑以及舞台设计等方面的广博知识,从而产生了比同时代人更具戏剧性和更宏大的设计风格。不幸的是,他自己的风格在巴黎阿尔让松府邸和在热那亚的斯皮诺拉宫都已全部消失了。幸好大部分装饰细节记载在威廉·钱伯斯的著作中,德瓦伊自己所作的设计图与雕版图一起,记录了斯皮诺拉宫中的大厅外貌,其华丽细节可以说是新古典主义的代表。

在许多方面,英国比任何一个欧洲国家更充分地准备了新古典主义的到来。伯林顿勋爵(Lord Burlington)的反巴洛克改革、威廉·肯特和帕拉第奥学派已经使他们的赞助者习惯于"罗马化"的室内。帕拉第奥影响新古典主义成长的最重要方面是房间形状的多样化设计。洛可可作为一种室内装饰风格在英国从未获得广泛流行,这就为改革开辟了道路,亚当1758年自意大利归来后就开始了他的改革,公众已经接受了他的许多古典主义思想。正是亚当和威廉·钱伯斯爵士一起主宰了1760年至1790年的英国建筑,并且他们与詹姆斯·怀亚特(James Wyatt)和亨利·霍兰(Henry Holland)一起成为室内装饰风格方面的带路人。

在这四人之中,威廉·钱伯斯爵士(1723—1792)和亨利·霍兰是最受法国审美趣味影响的设计师,前者是因为有巴黎的亲身经历,后者是通过路易十六风格的同化和雇用了一位法国主要助手 J. P. T. 特雷古（Trecourt）。钱伯斯出生于瑞典，作为瑞典东印度公司的实习生，他曾在远东和欧洲旅游，他在巴黎最早经历了早期新古典主义的熏陶，在那里他与雅克-弗朗索瓦·布隆代尔（Jacques-Fransois Blondel）一起学习，并且认识了许多主要的建筑师和室内装饰设计师，包括德瓦伊。他在1750 年去意大利，1755 年经过巴黎回到英国。他的东方经历使他受益匪浅，其《中国建筑设计》一书发表于 1757 年，成为英国设计家寻求中国细节设计的一个主要资料来源。1752 年前后，中国趣味在英国的室内装饰中已经形成了一道风景，林内尔在巴德明顿宫（1754）中还设计了中国厅。1759 年，为一些英国最重要的赞助者工作的钱伯斯出版了他的第一本《国内建筑论述》，后来（1791 年）这书更准确的冠名为《国内建筑装饰设计的论述》。像亚当一样，他是一位折中主义者，他设计的壁炉、门、窗户和天花呈现出与佩鲁齐、阿曼纳蒂、贝尼尼不同的风格特征和资料来源。

钱伯斯基本上是一位建筑师，也进行室内设计。罗伯特·亚当（1728—1792）则基本上是一位室内设计师，但同时也是一位建筑师，尽管他的室内风格常常扩展到他的室外设计上。他以平面的二维方式看待装饰，将天花作平坦的设计——成为整体房间的关键。亚当可以说是世界上和历史上最好的装饰设计师，在这一领域可以让他独占鳌头并拥有以自己名字命名的风格。

这种风格的内涵是多方面的，他既是一位新古典派又是一位浪漫派，但他的室内设计仍表现出一种纯正的特点（图 3—3）。

图 3—3　诺森伯兰府的起居室截面图（伦敦）

亚当从克莱里索那里学会了怎样去提炼古典形式，特别是法国人在巴黎广泛采用的奇异装饰，卢梭兄弟在这方面获得了极大的成功。像钱伯斯一样，亚当也学习意大利建筑和装饰，特别是米开朗琪罗、拉斐尔、米利奥·罗马诺、乔瓦尼·达·乌迪内、多梅尼基诺和阿尔加迪，但他的设计缺乏这些杰出大师作品所拥有的活力，在采用他们的设计思想时偶尔会有些力不从心。尽管他从未访问希腊，但他却借鉴了罗伯特·伍德、勒·罗伊和斯图亚特及雷韦特的风格。然而，他仍然属于罗马派，忠实地跟随着皮拉内西的脚步，拥护罗马以及后来的"伊特鲁里亚"装饰。他的借鉴和创新总是在特定的装置中赋予一种新的模式，从伍德的《帕尔米拉废墟》产生了为奥斯特雷的

餐厅天花设计的灵感，特洛
伊人的格式壁缘出现在克鲁
姆宫的走廊中，西翁画廊中
的地毯设计则来自奥斯蒂亚
的一种镶嵌马赛克的启迪，
而西翁府邸前厅里的战利品
饰则来自奥古斯丁的那些战
利品饰的启示（图 3—4）。

图 3—4　西翁府邸前厅（罗伯
特·亚当设计　1761）

尽管亚当的外部建筑在
比例和轮廓上都是帕拉第奥
式的，但他一开始就反对帕
拉第奥的沉重风格。他旨在
用一种美丽而轻盈的并体现古典美的模式来替代"繁琐的支柱、
沉重的间隔天花和壁龛框架"。他们的设计给这个国家的实用艺
术带来了一场优雅的革命。在替代了沉重形式又强调了门框、
天花和壁炉上的个性化设计后，亚当比较喜欢用一种装饰风格
统一所有的表面，无论如何都尽可能采用平坦的天花，不设穹
顶。这种方法使他易于将他的室内设计放进现存的外壳中，如
在西翁宫、凯德尔斯顿厅和奥斯特雷园林，这些伟大的宫廷建
筑中都展现了他的才华和智慧。

在亚当主宰国家建筑的装饰设计期间（1759—1775），没有

兴建新的大建筑，因此他作为一名装饰设计师的天才只能在旧有的建筑中得到发挥。在 18 世纪 60 年代，他为阿尔尼克城堡的诺桑伯兰公爵所作的是"哥特"式室内设计，但他自己的卡尔金城堡设计（埃尔郡，1775—1790）却是古典派的。到 1780年，他的风格开始逐渐消失，并受到钱伯斯的攻击，称他的设计是"金银丝玩具工作"。此时亨利·霍兰（Henry Holland）和詹姆斯·怀亚特（James Wyatt）则历史性地跨越了新古典主义到浪漫主义早期的这一转折阶段。

图 3—5　伦敦卡尔顿宫室内

霍兰是风景园艺师布朗的助手，并与他的女儿结婚。他被委任重建威尔士王子的城市住宅卡尔顿宫，这是这一时期最杰出的室内设计之一（图 3—5）。遗憾的是，他在该宫中的室内设计没有能够幸存下来，中国式会客厅只出现在托马斯·谢拉顿（Thomas Sheraton）的《细木工和装饰师的绘画本》和派恩（Pyne）的《皇家住宅》的著作中。不像亚当，霍兰似乎对整体没有什么真正的感觉，他的许多残存室内设计留有某些空白，常用他所擅长的细节装饰来调剂。

　　霍兰有意为他的赞助人寻找法国最新室内设计风格，雇用法国工艺师和助手，因为他的赞助人很喜欢法国室内设计风格。霍兰的路易十六风格的设计却是极具个人风采的，正如他在南山（Southill）宫的室内设计那样，在那豪华的书房中，高高的穿衣镜下有凹进式的书架，会客厅的壁炉体现了霍兰常用的方法，雕刻图形在两边凹进去，而在镀金帘盒的中央，鹰支撑着布幔……并且他对细节的注意力甚至扩展到带暖气的靠窗的座位上。

　　詹姆斯·怀亚特（1746—1813）亦是杰出的建筑师，但他长期放荡不羁的生活浪费了他的才华。叶卡捷琳娜大帝曾请他做她的建筑师，但最后还是任命了查尔斯·卡梅伦（Charles Cameron）。随着他在伦敦万神殿设计的成功，他的名声直追亚当。带着对拉斐尔和帕拉第奥的热爱从意大利学成回国，但他"重建"许多英国教堂的工作使他从卜金那里得到了"破坏者"的名声。从一开始他就以多种风格进行创作，从哥特式（李普利奥瑞，1782 和谢菲尔德公园，1776—1777）到完美的古典式（萨福克的希文宁罕宫，1780—1784）再到枫西勒修道院的教堂风格。怀亚特性格奔放自由，往往让他的赞助者们因长久的等待而愤怒，但不管怎样，怀亚特还是创造了一些他那个时代最优雅的室内设计作品。

　　英国18世纪到19世纪的转变与欧洲有很大的不同，拿破

图3—6　阿兰胡埃斯宫殿拉布拉多城堡的白金室
（西班牙马德里附近）

仑未能将他的帝国扩展到英吉利海峡。这对区分在 1800 年到 1820 年这段时期中的两种风格很重要，一个是法国的帝政式风格，另一个是英国的摄政风格。通过拿破仑远在佛罗伦萨、卡塞尔和阿兰胡埃斯宫殿（图 3—6）的建立，帝政式风格迅速传遍欧洲。

在俄罗斯，一种单纯而似乎简朴的古典风格开始主宰首都圣彼得堡，法国和意大利的建筑师，尤其是新近成立的（1757 年）造型艺术学院的法国设计师，都在圣彼得堡出现过。

整个欧洲的社会变化也反映在当时的室内装饰和家具上。拜西埃和封丹的《室内装饰集》是迄今为止最有独创性的作品，包含了一个有刺激性的前言，汇集中的雕刻线展示了多种多样的室内设计手法以及室内的装饰设计细节。天花、壁炉、家具和铸铁制品全都被描绘出来，记录了拜西埃和封丹的主要设计。

拜西埃和封丹在 1787 年至 1790 年在罗马十年，为发动室内装饰设计的一场革命作好了特别的准备。他们的装饰词汇来源广泛，并不全是古典的。拜西埃在他的《巴黎的建筑物》中说：我们必须意识到15世纪作品的完美比希腊和罗马作品的完美更能符合我们的需要⋯⋯它们从装饰设计的精细度和装饰品的认真选择，到令人愉悦的多种材料的使用，特别是它丰富的效果以及由它们高雅的趣味所产生的和谐上，都表现出15世纪作品是多么的非同凡响⋯⋯真正艺术的完美不在于去发现未知的事物，而在于明智地使用那些已经被习俗和审美趣味认可的元素。

因此，拜西埃和封丹聚精会神于文艺复兴建筑师布拉曼特（Bramante）、佩鲁齐（Peruzzi）和安东尼奥·达·圣加洛（Antonio da Sangallo）的作品上，通过将他们的装饰革新设计与古典嫁接，产生了一种极度精巧的风格（图3—7），这种风格一定程度上吻合法国忠实于意大利最佳模式的学术传统。

图3—7　西内斯宫的国王寝宫（帕拉莫　西西里）

他们的设计很快在整个欧洲有了追随者和模仿者，其中有意大利的霍普（Hope）、彼得罗・鲁加（Pietro Ruga），"俄国"的托马斯・德・托蒙（Thomas de Thomon）。在执政内阁统治期间，拜西埃和封丹还曾受委托去重现以前的皇室宫殿曾有的辉煌，在重新建成的建筑上，这种重建留下了他们才能的烙印。这期间更加精细的帝政式风格主宰了枫丹白露、贡比涅（Compiegne）和朗布依埃（Rambouillet）的装饰设计。他们于1805 年至 1806 年设计的爱丽舍宫的缪拉（Murat Room）部分装饰有幸地残存下来，精致的柱子和壁柱都与早期的新古典主义相联系，而在贡比涅的玛丽-路易斯皇后卧室的装饰则更接近于意大利 14 世纪和 15 世纪的模式。拿破仑担任第一执政官时他们开始在巴黎城外的石竹城堡对其室内进行重新装修，这些房间记录了从市政厅的执政风格到更加精致的音乐厅（图 3—8）和约瑟芬皇后卧室装饰等设计风格的发展。前者采用一种帐篷形式，"由长枪、盔甲和勋章支撑，在这些饰物之间悬挂的战利品，让人记起地球上这一最好战争和自负的民族"。音乐厅优雅简洁的形式，远离了成熟的帝政风格，著名的皇后卧室也是如此。在这间卧室里，由精美的镀金柱子作支撑的深红色的罗马帝国式帐篷上面有彩绘的"开启"的天空，同时，由雅各布-迪斯马尔特（Jacob-Desmalter）设计的镀金天鹅装饰的床架也以柱子作为其主要元素。

图3—8 马尔梅森城堡的音乐厅

尽管拜西埃和封丹是建筑师，但他们的主要兴趣却在装饰和家具设计上。他们相信"家具对建筑师而言已构成了室内装饰的一个重要部分，不能认为它无关紧要"，他们设计的室内有采用多种材料精心装饰的表面，而这些室内的精确性和复杂性与置于其中的有些建筑化的家具是相适应的。他们也与一些最优秀的细木工紧密合作，如乔治·雅各布（George Jacob，1739—1814），他的作品是路易十六时期和帝政风格之间的桥梁。后来他的事业传给了他的儿子乔治二世和弗朗索瓦·奥诺雷·乔治。

巴黎的博阿尔内府邸（Hotel de Beauhamais）也许是保存得最好的室内设计作品之一，它属于拿破仑的外甥欧仁·德·博阿尔内斯以及他的姐姐荷兰王后奥尔唐斯。该宫的设计师和工艺师无人知晓，但在高雅的音乐厅中，用普吕东（Prud'hon）和吉罗代（Girodet）方法，以灿烂的色彩描绘出大型人物图案和庞贝及亚述人的题材是其最大的特点，这反映了当时在装饰细节上采用强烈色彩的一种趣味。毫不奇怪，拿破仑对这一令人愉悦的宫殿的数以亿计的法郎花费感到震惊，但其奢华的程度与其花费是成正比的和充分对应的。土耳其式的闺房（其中的彩绘中楣是伪东方主义的低劣模仿品），奥尔唐斯王后卧室中有丝绸挂饰的庞贝式天花、巨大的柱式床和天鹅图案装饰的家具、豪华浴室里多面反射的镜子……这些都代表了最奢侈的帝政式室内设计风格。四季厅也保留了它所有原始的装饰（图3—9），奥尔唐斯王后在塞鲁蒂大街的会客室则体现了对古典主义正确而理性的反应，具有讽刺意味的是，许多优秀的新古典主义室内设计在早期浪漫运动的影响之下迅速发展成复古主义。

图3—9 巴黎博阿尔内府邸的四季厅（1804—1806）

　　这个时期，行为古怪的设计家皮埃尔·德·拉·梅桑吉埃
（Pierre de la Mesangere，1761—1831），出版了他的时尚杂志
《家具和艺术品收藏》（1802 年至 1835 年间），总共近 400 幅的
图版为大众提供了为帝国家庭设计的精致但又平易近人的图样，
它在欧洲的不断流行显示了帝政式风格的延伸，并融入法国查
尔斯五世的风格和德国及奥地利的比德迈风格之中的情形。这
个时期其他图集包括迪盖埃·德·蒙特罗西埃（Duguers de
Montrosier）的《图集》（1806），由苏瓦耶夫人按桑蒂（Santi）
的设计进行雕版的 72 幅图版集（发表于 1828 年）。后者记录了
这个时期用于窗户和床上的各种精致织锦挂毯设计，并且随着
时代的发展，这些织锦挂毯的用途延伸到房内的每一部分。

　　在英国，设计师托马斯·霍普（Thomas Hope）从这些欧
洲大陆的设计原型中发展了一种个人风格。他厌恶"这个世纪
中后期退化的法国派"，想要创造"一种背离这种主流风格的东
西"。他自己的伦敦住宅使他非常得意，以至于他对皇家学院成
员发放了参观券。他的设计浪漫，有埃及、希腊、罗马、土耳
其、中国甚至印度的风格（图 3—10），在他的萨里（Surrey）
乡村住宅迪普迪恩（The Deep-dene）里，有一个房间被称作
"唯一古怪的房间"，这个房间被"饰以沉重的埃及风格，还有
大量呆板的红色绘画"。霍普风格中的组成元素基本上是由拜西
埃和封丹的风格元素而来的，霍普表达的愿望是："我微小贡献

不仅是为偏远的贫穷人提供新的食物，而且还要让富人的花费花得物有所值"。

图3—10 印度厅

19世纪早期最有创新精神的是约翰·索恩爵士（Sir John Soane，1753—1837），他是乔治·旦斯的学生，他最杰出的作品——英国银行也已被毁，所以无从见证了。但从相关资料可以得知，他在意大利的几年中（1776—1779），其设计思想深受皮拉内西的影响，他不仅产生了对大规模设计的渴望，而且对来自各种意想不到的题材装饰细节也有着独特的感受，另外法国新古典主义也影响了他的早期设计。在18世纪80年代，在霍兰和怀亚特的影响之下创作了多间乡村住宅，而从1791年到1806年，他在温波尔（Whimpole）、白金汉宫和蒂灵厄汉（Tyringham）宫中所创造的豪华室内设计则是他最丰硕的成果。米德尔塞克斯的本特利小修道院（1789—1799）门厅代表了他从其前辈那里直接继承的新古典词汇——在朴素的凹槽式的多利安柱子支撑的顶上，仍然有耸出的希腊装饰的穹顶。

摄政时期和维多利亚早期的许多最杰出的英国古典室内设计都越来越趋向于采用古典柱式以及明显地减少墙表面的装饰。这是为了与希腊复兴精神相吻合，这种精神在 1803 年和 1809 年之间的英国很是普及，这种风格不仅以独特著称而且也成了公共和私人建筑的"官方"风格。在室外，沉重的多利安柱式，以带凹槽的或不带凹槽的形式在扩展，许多建筑师将他们的室内转变成希腊寺庙的变种。楼梯大厅是大型建筑的标志性设置，其中比较豪华的设计有小乔治·丹斯（George Dance）在汉普郡的斯特拉顿园林（1803—1806）和苏塞克斯的阿什伯纳姆广场设计（Ashburnham Palace，1813—1817）（两个建筑都已被毁），托马斯·霍普在萨默塞特郡的利宅宫（1814），C. R. 科克雷尔（Cockerell）在什罗普郡（1820）的小橡树园林；以及由许多建筑师包括约翰·多布森（Jone Dobson）建造的在诺森伯兰郡的贝尔西宫（Belsay Hall，Northumberland）。在苏格兰，爱丁堡因其浓郁的学术气氛和大量严谨的希腊建筑而成为"北方的雅典娜"。詹姆斯·普莱费尔（James Playfair）和阿奇博尔德·辛普森（Archibald Simpson）等建筑师设计了具有希腊风格的思特拉斯卡斯罗府邸（安格斯），这是希腊风格最后的也是最杰出的代表之一。最终维多利亚时代的炫耀张扬和不求精确之风为英国室内装饰中的新古典主义风格敲响了丧钟。

虽然意大利为其他国家提供了很多原创的灵感，但意大利的情况还是与人们所期望的不一样。罗马尽管是欧洲新古典主义的灵感中心，但这项运动的主要推行者开始时是外国人克莱里索、亚当、温克尔曼，要么是罗马以外的人，比如皮拉内西。克莱里索的设计活动在广为人知之后，他作为一名室内设计师的成就和才华才得到了认识和了解；他那巨大的热情对于传达他的设计思想是极其重要的。他最个性化的室内设计是罗马的蒙蒂特里尼塔（Trinita dei Monti）的"废墟厅"。尽管有着严谨的古典细节，其概念仍是巴洛克式的幻景概念，这个阶段其他意大利建筑也有类似的特点，如佛罗伦萨由尼科洛·孔泰斯塔比莱（1759—1824）设计的斯特罗兹·地·曼托瓦宫。

巴洛克风格本身已牢牢地植根于意大利的设计土壤中，很遗憾的是许多设计家后来放弃了这种风格的后期表现。而最令人难以置信的是罗马这座曾为许多艺术家提供灵感源泉的城市，自身却没有产生一座重要的新古典建筑来与意大利的其他城市和国外一些城市中的新古典建筑相媲美。

在皮拉内西的影响下，古典的或埃及的细节经常渗入较早期的室内设计之中，如彭娜（Penna）在罗马博盖塞别墅中杰出的白大理石壁炉装饰就有埃及原型的红色中楣和女像柱。像画家费利切·贾尼（Felice Giani）在西班牙大使馆中所作的室内设计以及庞贝或埃及风格的室内设计等等，都无法与同时代欧洲其他国家的伟大室内设计相提并论。

　　早在洛可可时期，意大利的新古典装饰师就喜欢采用大面积的墙面和天顶壁画，并且许多地方都完全地永久性地被覆盖上了这样的绘画（图 3—11）。

　　当其他的欧洲国家在罗马或希腊之间波动时，德国很快便走向忠于希腊的一边，并且对长期以来热衷于洛可可而感到懊悔。希腊建筑的严谨和宏伟迅速在这里建立了基础，但

图 3—11　罗马基吉宫中的奥罗厅
（乔瓦尼·斯特恩设计
1765—1767）

与英国的情形不同，德国的希腊式建筑主要限于公共建筑。在柏林，弗里德里希·吉利（Friedrich Gilly，1772—1800）在为像莱奥·冯·克伦泽（Leo Von Klenze，1784—1864）和卡尔·弗里德里希·申克尔（Carl Friedrich Schinkel，1781—1841）这样的建筑师诠释法国设计创新思想上起了重要的作用。申克尔是当时德国最伟大的建筑师，也是一位画家、舞台设计师和室内设计师。他迷恋于中世纪的建筑，并且在他的建筑中采用

中世纪建筑所特有的清晰的结构，从而还促成了室内外设计的统一风格，这使他作品所表现出的创造力达到在新古典建筑师中几乎无人相比的顶峰。他以同样的指导原则在雅典卫城上为一皇室所作的设计又进一步验证了他的创造力。然而在这里，曾经激活了欧洲早期室内设计的意大利15世纪的设计元素并未出现。

申克尔几乎只在柏林工作，从未到过希腊，却完善着他的"普鲁士希腊风格"。克伦泽是这些建筑师中唯一去过希腊的人，他是继卡尔·冯·菲舍尔（Carl Von Fisher，1782—1800）之后的慕尼黑新古典派主要建筑师之一，当菲舍尔刚将自己的风格建立于帕拉第奥建筑式样基础之上时（如他的1802年设计的萨拉贝尔修道院院长宫邸），克伦泽已经形成了一种纯粹并且是冷静的古典主义风格。他于1814年见到巴伐利亚的路德维希皇太子，这次会面更激发了他对古典主义的热情，皇太子继承王位之后，克伦泽就着手将慕尼黑转变成一座令人难忘的古典城市。国王很快便委派他去修建慕尼黑总督府（1827—1835），克伦泽在一个意大利文艺复兴的建筑外壳里设计了这样大而简单的房子，并为施诺尔·冯·卡罗尔斯费尔德和其他画家的大型绘画作品提供了悬挂场地。总督府的室内设计风格优雅舒适，在这点上，德国与奥地利的室内设计有了明显的不同，贵族化的奥地利建筑追求宏伟的效果，而德国此时的比德迈风格反映的则是资产阶级逃遁于社会政治舒适优雅的安乐窝，二者之间形成了强烈的对比。

在这个时期的美国主要建筑师和设计师中，阿谢尔·本杰明（Asher Benjamin，1773—1845）发表了几本有相当影响力的著作，这些书包括 1797 年的《国家建筑者的助手》，1806 年的《美国建筑者的伙伴》。本杰明的学生伊锡尔·汤（Ithiel Town，1784—1844）是马丁·E·桑普森（Martin E. Thompson）的合作伙伴，后来，也是亚历山大·杰克逊·戴维（Alexander Jackson Davis）的合作伙伴，在纽约和新英格兰他们设计了许多"希腊复兴"风格的室内作品。这一时期室内设计的最突出的变化之一是楼梯的处理，在获得独立之前的一段时期里，有直线条和牢固雕刻的栏杆的楼梯是相当沉重的，随着东海岸建立的亚当风格的房子里一种新的轻盈风格的楼梯的出现，这种弯曲成美丽的形状如椭圆、圆，或者两者结合的带有狭长扶手的楼梯便很快被广泛地采用了。由威廉·桑顿（William Thornton）在华盛顿设计的八边形府邸就使用了这样的楼梯设计。

18 世纪与 19 世纪之交，美国室内设计出现了许多变化。墙面已不再用木嵌板覆盖了，而改用绘画、墙纸或织物进行装饰，而欧洲趣味的灰泥檐口和精细的木制或大理石壁炉也不再使用了。在马萨诸塞州的萨勒姆，塞缪尔·麦金太尔（Samuel Mac Intyre）在许多的壁炉架和门上雕刻美丽的图案，并采用了亚当兄弟的风格；丰富的细节包括花彩和垂花饰，果篮和反映独立之后的民族自豪感的美国鹰的图案，都以一种前所未有的热情被大量使用。在 1800 年左右，欧洲的全图案或风景的木版印刷纸开始流行，木制品则常常是白色或乳白色，但时常也用红色、绿色、蓝色或黄色墙面来衬托，红木家具或相类似木头的家具、镀金镜架等也仍旧流行；其结果便使美国该时期的室内成为帝政式或摄政式风格比较朴素的版本。

第二节　复古时代的室内设计

文艺复兴以来，建筑师和设计师一直都在努力重新创造过去的风格，主要是古希腊和罗马风格。文艺复兴本身的发展前提就是艺术家能够采用古代无与伦比的成就作为一种新艺术创作的基础；巴洛克和新古典主义建立在文艺复兴思想的基础上，洛可可是唯一一种反对这些思想的风格。正如以上所述，在 19 世纪之前已经有单独的古典复兴风格，但随着旅游范围前所未有的扩大，旅游使得人们对各种风格产生了兴趣，而不仅仅局限于希腊和罗马，还有日益增加的对理性时代的历史觉醒和信息的传播，使得"复古"的思潮日益加强。但是 19 世纪在建筑和室内装饰中对这些"复古"风格的热情大部分源自新古典主义的元素，同时，寻求古典世界气氛的欲望常常导致了对过去极度浪漫的幻想。

复古主义作为一种运动，产生了这个世纪许多最有特点的艺术作品。我们一般仍然认为典型的维多利亚室内设计是不同时期设计元素的混合。从最简单的住宅到巴伐利亚的路德威格二世国王夸张的室内，复古主义贯彻其中。从复古主义的名称来看，有时很难将它与浪漫主义区分开来，因为它经常分享着浪漫主义的自由思想。复古主义的最好定义也许是一种态度，而不是一种风格，这种态度遍及所有的艺术。中世纪、文艺复兴、巴洛克甚至东方历史全都被借用来作为它多彩的表现。但复古主义的直接结果则是使设计中产生了一种新国际主义风格。

19世纪的设计中，有三个直接影响室内装饰设计的因素：复古主义、浪漫主义和折中主义。复古主义是通过精确的观察、仔细的测量，甚至是考古一样的对原始物品的观察来重新创造过去的风格。浪漫主义则采用过去的风格来传达特殊的情感，通过哥特式风格寻求中世纪骑士精神和壮观场面，或通过文艺复兴寻求学者风范。折中主义却结合了复古主义和浪漫主义因素，从每一历史阶段提取风格特点。这就为艺术提供了最大的自由度，因而它获得了最广泛的赞同，并且形成了1830年之后大部分19世纪室内设计的特点——综合而无序。

在新古典主义衰落之后，打破复古主义的新风格出现之前，也就是19世纪30年代早期和19世纪80年代之间，此时期内室内装饰的各种重大流变几乎不可能被准确地描绘出来。这主要是因为在拿破仑时期之后，许多不同的风格同存于流行潮流之中——古典的、哥特的、东方的，和19世纪20年代起在法国和英国的室内中尝试的新奇的洛可可等。瓦尔特·司各特（Walter Scott，以他的小说成为复兴的主要人物）在1819年后于阿伯兹弗德他自己的住宅设计中采用苏格兰宏大风格，"新"

风格一出现就迅速成为流行的先锋。与此同时这种风格的近邻伊丽莎白和法国亨利三世风格也都带着它们明显的民族特点，并且也盛行一时。随后在伦敦建造的哥特式而不是古典式的议会大厦又更进一步强调了对浪漫风格的欣赏。

图3—12 意大利萨麦扎诺大厅

19世纪涌现出了大量的建筑和室内装饰设计（图3—12），富人住宅设计中所表达出来的思想被迅速地传递到一个比以往任何时期都广泛的市场中，同时也就不可避免地出现了降低设计和建造水平的现象。伦敦和巴黎的大型国际展览的作用是相当大的，它们不仅展示了人工制品，而且也展示了复制它们的最新手段。几乎所有历史上的装饰细节，从哥特式的卷叶花形的浮雕和花饰窗格到洛可可的贝壳工艺品，巴洛克的女像柱和摩尔人的穹顶，现在都可以借助被误称为"工业艺术"的手段来复制。英国是大工业生产中的领头羊，这一点1851年的伦敦大展就是证明。

哥特复兴阶段室内设计的历史大部分没有记载，但有两座特殊的建筑清楚地标明了它在英国的开始，即霍拉斯·瓦尔波（Horace Walpole）的草莓山冈和威廉·贝克弗德（William

Beckford）的凡特山冈修道院。草莓山冈修道院是非正规的别致的作品，而凡特山冈则努力重现了中世纪僧侣建筑的宏伟风格，在艺术和趣味的历史中，它巨大的规模表达了创作者的自我超越。贝克弗德是"英国最富有者的儿子"，童年时代在父亲的充满幻想色彩的威尔郡埃及厅中就养育了他对异国情调的钟爱之情，从而也造就了他大胆而狂放的创作风格。

贝克弗德的趣味本质是折中主义，他大胆地设计了戏剧性的空间并且独创性地的采用光和色彩。这些都使他的室内设计有别于他同时代其他室内设计师的设计，只有索尼的设计能与之相比。尽管窗帘和其他织锦挂毯在许多摄政期的室内设计中被广泛使用，但与贝克弗德在凡特山冈的八边形室内中采用"50m长的紫色窗帘"相比所有的竞争者都黯然失色了。在他的许多室内设计中，大都采用窗帘来切断里层房间内沉重的装饰，空间有所限制时，他还创造了扩大空间的幻觉法，将镜子和精心控制的光线结合起来。

英国在准确地重新创造中世纪式风格方面取得了最重要的进展，而欧洲从整体上来说却落后了。在 19 世纪 20 年代后期，改变了对中世纪建筑态度的重要人物是奥古斯·维尔贝·普金（Augustus Welby Pugin，1812—1852）；但他所热衷的将严肃性灌输进复兴的哥特式中的做法并没有产生多少著名的室内设计作品。他为查尔斯·巴梅（Charles Bamy）设计的议会厅室

内，以其富有想象力的设计对早期风格进行了重新创造，并成
为无与伦比的室内设计，但这样的设计却从未重现在个人住宅
内。普金自己认识到，"我在思考好的作品，设计好的作品，但
却在制作非常差的作品中度过了一生"。但无论如何，他杰出的
绘图技能和他给予工艺师们的良好培训在英国都产生了相当重
要的影响。普金在斯塔弗德郡的城堡和兰卡郡的斯卡雷斯布雷
克大厅的设计都很出色，因而巴雷将议会厅的装修设计交付予
他，这给他提供了最大的挑战和机会。

　　浪漫抒情风格与哥特式复兴几乎并行，但实际上它延伸到
所有艺术中，不仅是建筑和室内设计，甚至著名画家安格尔
（Ingres）也采用这种风格作画。贝利公爵夫人是使这种风格特
别流行的人，这种风格在 19 世纪 20 年代的法国得到了很大的
发展。在 1827 年，著名的"风景壁纸"创作者琼·朱伯（Jean
Zuber，1793—1850?），介绍了他的最有雄心的产品，一种全景
墙纸，冠名"苏格兰风景或者湖中妇人"，人物被松散地穿插在
苏格兰但又明显的非苏格兰风景的背景上，并且与哥特风格的
护壁板相匹配，成为朱伯在这一时期的墙纸设计中取得的最大
进展，达成了他第一个构想，就是不需要一张张去粘贴"无边
无际"的墙纸。采用朱伯的风景壁纸的设计师有选择风格的自
由，这可以从 1813 年至 1836 年间的作品的名字中看出来：意
大利风景、法国花园、现代希腊风景和中国装饰。这样的墙纸

提供了围绕房间墙面的一种连续的风景，通常其位置在护壁板以上，它们丰富的并带有异国风味的色彩是后帝政时期简洁而高度光亮家具的完美衬托。

从 1813 年到这个世纪的中期，德国资产阶级住宅室内设计的特点是所谓的比德迈风格。这种风格从法国帝政装饰形式发展而来，很少依赖于建筑或其他的固定墙以及天花来表现它的效果。一方面，它对于舒适的强调是整个欧洲和美国在这个世纪的第二个四分之一时期的最大特点，但另一方面，它的实用性又达到了一个惊人的程度。简洁和家庭性是这种风格的主要特点；一种放松的气氛遍及无数的中产阶级家庭生活中，在高大的房间中，家具和布置也很少是高于眼睛平视的水平；19 世纪的许多室内流行的大而沉重有精细雕刻和镀金框架的绘画，在这时已被较小的但更加亲切的油画、水彩画和印刷品所取代，并成排成行地悬挂在室内。墙被涂上了清澈明亮的色彩，天花则为白色或灰色；除了舒适的椅子以外，还有一些小的家具，比德迈风格的房间是简洁的，甚至以现代的眼光去看都是如此。简单的拼花地板、有地毯的素面地板或者在精致的室内量身定做的地毯，都进一步强化了其简洁性。

作为较小规模的比德迈室内，放置着红木、樱桃木、梨木、枫木、岑树木或胡桃木家具，背景是覆有精美的条纹状和小花图案的墙纸或织物的墙面。窗帘和织物帷帐为白色或浅色，一般挂在黄铜窗帘杆上，紧密地固定于窗架上活动窗帘也很普及。从帝政时期留下来的一个风尚是墙面有时饰有装饰织物，将织物向后拉可现出巨大的镜子（图3—13）。从维也纳附近的拉克斯恩堡内的索菲娅公爵夫人会客室（图3—14）的装饰和布置可以看到比德迈风格的影响是遍及所有社会阶层的。索菲娅公爵夫人会客室建于19世纪20年代后期，但与这一时期欧洲其他地方时髦的室内相比，则远远落后了。

图3—13　约翰尼·斯特劳·德克绘制的《化妆室》
　　（水彩画　维也纳）

图3—14　拉克斯恩堡内的索菲娅公爵夫人会客室

　　法国路易斯-菲利浦统治时期不仅接受了浪漫抒情风格，而且也出现了法国18世纪的一种新觉醒的风格。维克多·雨果的历史小说《巴黎圣母院》（1831）的成功，推动了浪漫抒情风格的流行，并使装饰领域中突然流行起了"法国文艺复兴"风格。由亚历山大·夏蒙朗德设计的克鲁尼博物馆的别致而无序的装饰也很有影响力，它将中世纪家具的许多精品进行了随意组合，镶板和建筑片段在许多人的脑海里击起了浪漫的和声。它的影响还反映在奥尔良的玛丽公主在土伊勒宫的祈祷室内，这个室内景致被绘制在蒙特奥特 1848 年的一幅水彩画中。祈祷室的风格是中世纪法国南部抒情行吟诗人的风格。哥特式的屏风旁是文艺复兴风格的柜子和路易十三风格的椅子，厚重的有图案的布帘挂在亨利四世的帷幔和枫丹白露的灰泥制品下。

在装饰艺术的每一领域，工业化大生产的发展使越来越多的人能采用各种不同的材料来复制各种著名的风格。夏尔·布兰克（Charles Branc）在他的《装饰艺术的法则》（1882）中描述到，悠久的意大利灰泥绘画技术在当时的进步是金属材料的使用与发展的结果。这种镀锌灰泥的用法模拟了以前只为富有者拥有的镀铜技术，它与任何一种风格的工业化大生产的纸型装饰一起，在中产阶级的购买力范围内产生了丰富多彩的复古风格。

当时的设计只要标上一个复古标签，大众就接受，尽管质量水平有所下降。这种现象在一本名为"房屋装饰师和画家指南，包含公寓装饰设计实例"的英国手册中表露无遗，由 A. 阿罗史密斯（A. Arrowsmith）出版该书。根据设计的各种发展状况用彩色图画生硬地表现出来，其中包括希腊、罗马、阿拉伯、庞贝、哥特和 16 世纪意大利艺术，甚至包括弗朗索瓦一世、伊丽莎白时代和更加现代的法国风格……实际上，所谓"希腊"风格是由风格主义的带条箍线饰和洛可可风格之间的一种冲突与结合组成；而所谓的"路易十四风格"则表现出明显的路易十五式倾向。像这样拙劣的缺乏准确性的书能得以发行恰恰是这个时代精神的表现。

室内装饰方面的这种世俗化现象，在整个欧洲富有的资产阶级和上层阶级中迅速引起了反应。由于复古风格的室内设计到处可见，于是非常富有的人便寻找一种完全新的室内装饰设计方法，他们从原始场景中找回真正的室内装饰方法，这为许多现代博物馆设立了一个基本的装饰观念。整个房间尽管远离原始位置，但在任何场景中都能被拆除然后重新组装。这样的房间不仅形成了浪漫的气氛而且也提供了附加的原始标记；在某些情况下，后者为新的拥有者带来了准确的内涵，并将他们置身于1789年法国大革命前最优秀的室内场景中，无论是在白金汉郡的沃德斯顿庄园或是在法国的费里艾赫，通过移置一些优秀的室内设计不断地给他们带来一种新的艺术感受。

但这样的一种艺术感受对于法国的尤金尼皇后来说是不需要的。她发起了对玛丽·安东尼特的个人崇拜之风，从皇家家具仓库中寻找她的家具，甚至委托设计师们为她的各种住宅复制她所喜爱的家具。浪漫主义的影响表现在为皇后模仿18世纪的家具、护壁板和其他装饰的自然主义细节中。德·弗尼尔

雅室·艺境：环境艺术欣赏

（De Fournier）为皇后在圣·克劳德的卧室所作的水彩画，最初的新古典印象很快被太多的室内装饰和太多的旧丝绸装饰驱散了，最令人吃惊的是，卧室内有张沉重的"过渡期"的床，它的比例尺度和细节破坏了房间的整体效果。皇后的真正趣味最完美地体现在海克特·马丁·勒弗尔（Hector Martin Lefael 1810—1880）为她在卢浮宫装饰的三个客厅中。一个客厅为"生动的焕发青春活力的绿色"，与它紧邻的是一粉红色室内，在其装饰中包括深红色，而在蓝色客厅中则装饰有韦特霍特（Winterhalter）和杜布夫（Dubuffe）为宫廷夫人们所作的肖像画。为这些房间装饰所作的项目都被集中在一本大相册里，从这本大相册里可见皇后选择或拒绝的装饰元素。

当尤金尼皇后看到新巴黎歌剧院的设计草图时，她问建筑师查尔斯·加尼尔（Charles Garnier，1825—1882）："它究竟是什么风格？"加尼尔沉着地回答："它是拿破仑三世的风格，夫人"，这句话概括了法国建筑和室内装饰的下一个真正意义上产生进步的篇章。当复古主义采用特定的某些风格或各种风格的结合时，加尼尔有意识地去寻求开拓一种新的时尚。

作为财富的象征，像罗斯切尔德和德米多夫这样的家族均借用法国18世纪的布置和绘画来营造一种轻快、友善和明显的贵族气氛，但是深色织锦、沉重的铜像、荷兰绘画和乌木都造成了一种阴沉的氛围。在1869年的《真正的风格》中，加尼尔承认："当然考古学是一门有用的科学，在它的研究中，不排斥任何年代或风格……每一风格的建筑都有其特点，每一时期都有其美丽之处……所有真实的和美的东西都有灵魂……为了欣赏折中主义，人们必须持折中的态度。"他有勇气去欣赏每一阶段的建筑并且从中学习，富丽堂皇的歌剧院的室内设计，就充分地证明了他具有能从希腊寺庙到巴洛克宫殿等各种风格中获取设计资源和灵感的能力。其资源之一，是帕伊瓦宅邸（现为旅游者俱乐部），仍然保存完好，它与夏尔·德·瓦伊的室内设计一样坐落在很远的地方，夏尔·德·瓦伊在热那亚的斯宾诺拉宫中的著名大厅（1772—1773），与 16 世纪和 17 世纪的威尼斯室内一起给加尼尔提供了丰富的灵感。像所有伟大的巴黎第二帝政式住宅一样，帕瓦伊宅邸也主要是为夜晚的使用而设计的，像保尔·包德雷（Paul Balldry）这样艺术家的绘画和凯姆尔·贝勒斯（Camer Belleus）的雕塑，以及大量使用的大理石和青铜、镜子和豪华的织物，这些都共同创造了小仲马的《茶花女》中所描写的那种浮华的气氛。

　　然而这样的室内设计大多不存在了，尽管《巴黎人生活》的某几期杂志捕获了类似房屋的华丽，如巧克力制造商麦尼尔（Menier）在一个特别地被赋予第二帝政式建筑的豪华风格的地区——蒙韶公园附近的住宅，是这一地区极少数幸存下来的特殊宅邸之一，其室内和家具被完整无缺地保存下来，它也许是加尼尔的作品。有奇异图案和瓶花图案的嵌板出现在耀眼的橘红色和绿松色木制品中，拱形并有悬臂架的天花饰有类似的几何图案的绘画，而深棕色大理石壁炉和黑色或金色家具则呈现出阴沉的色调。这种风格与为帝国皇帝夫妇而装饰的新卢浮宫的建筑风格相类似。住宅内的坐具都配有圆形的软垫，整个房间也都配上多层的装饰织物。吉拉丁夫人对这样的封套式装饰织物有过热情的描述：壁炉上饰有大量的镀金流苏天鹅绒，椅子上装饰着花边，木制墙嵌板藏在辉煌的装饰材料或是藏在用金线纺织出来的织物下面……窗帘漂亮惊人：它们一般是双层的，有的甚至有三层的，而且到处都是。门隐蔽在帘子后面，书架常常用布帘覆盖着，房间里有时会有八或九个这样的帘幔区域。

加尼尔的室内设计扰乱了 18 世纪房间的组成部分之间的微妙平衡，并且表明了支配装饰的决心，因而由巴黎大型公司朱勒斯·德斯弗斯（Jules Desfosse）生产的装饰纸就用丰富的形式和饱满的色彩替代了第一帝国时期的优雅而保守的装饰纸。第二帝国风格在丰富性和多样性方面是可以和英国高水平的维多利亚室内设计相媲美的，并且它被输送到了世界各地。

不可思议的是，19 世纪在室内设计的复古历史上最辉煌的成就是路德维希二世的三座巴伐利亚城堡，如路德维希在过世时留下来的其他物品一样，装饰细节和室内陈设品丝毫无损。这些杰出的建筑，如纽斯奇旺斯坦（Neuschuanstein）、赫伦奇

姆斯（Herrenchiemsec）和林
德霍夫（Linderhof），代表了
欧洲复古派设计师最喜爱的三
种风格：罗马哥特风格、法国
巴洛克风格和洛可可风格。纽
斯奇旺斯坦的风格曾一度被认
作是有争议的本土风格，赫伦
奇姆斯和林德霍夫却属于一种
将大厅建在完全异国环境中的
浪漫传统（图 3—15）。

图 3—15　巴伐利亚赫伦奇姆斯宫
波兹兰克厅

　　路德维希二世对林德霍夫
和赫伦奇姆斯的兴趣似乎来自于他在 1867 年对凡尔赛和巴黎的
访问，在那里，他发现了在第三帝国统治下的也许能被称为
"1789 年法国大革命前的复古风格"。他在彼埃尔弗德的访问对
于纽斯奇旺斯坦城堡的发展同样也很重要。

　　在林德霍夫，主要的装饰风格是洛可可风格，但有一种无
与伦比的奇异性和丰富的旋律。这种风格最早是由塞兹和贾恩
克（Seitz Jank，为国王的个人表演制造洛可可舞台装置的设计
师）为林德霍夫构思，但最终的立视图好像是建筑师乔治·多
尔曼（George Dollmann）所作。像凡尔赛宫一样，以国王的卧
室为中心，每一细节，从灰泥作品到一些室内陈设，如在镀金烛

台上的大蓝色玻璃夜灯和奇异的花边装饰盥盆，全都显示了最奢华最奇异的洛可可风格，是一种彻底的对洛可可信仰的表现。

路德维希的设计师们借鉴真正的 18 世纪室内装饰元素，如弗朗索瓦·库韦利在慕尼黑公馆和爱玛莲堡中的镜厅，使已经丰富的形式更加丰富多彩，在贝壳装饰上堆积蜗卷形装饰物，在花彩上添加棕榈树，增加非洛可可的颜色，如著名的粉色和蓝色。如果将这些充满幻觉的室内只看做毫无趣味的奢华的堆积，那将是错误的，因为它们的设计师和工艺师都有着在欧洲无与伦比的高超技艺和处理方法，有意识地采用与原始的洛可可风格相联系的装饰，装饰效果具有一种瓦格纳歌剧管弦乐那样的压倒一切的豪放感，因而丝毫不觉得奇怪，路德维希在林德霍夫度过的时间最多。为路德维希建造的许多与舞台装置相类似的作品表明他根本上反对准确而单调地复制或借鉴原始室内的做法，虽然这两种做法不会花费他多少钱。

赫伦奇姆斯是三个城堡中最大的也是花费最昂贵的，被看做凡尔赛宫的一个改进，因为路德维希在这儿规划的不是一个而是两个楼梯，设计师从雕版图和描述资料上得到重建路易十四原来城堡中宏伟楼梯的资料。在林德霍夫和赫伦奇姆斯的所有室内设计中，我们可以看到主要的天才人物乔治·多尔曼似乎深受列昂·芬切尔（Leon Feuchere）的先锋著作——《工业艺术》的影响，该书出版于 1842 年。芬切尔创造出来的每一风格的室内立视图包括了所有类型的装饰，这对于不熟练的设计师来说是相当有用的，可以以此来综合各种元素组成满意的整体。列奇斯坦在维也纳的室内设计也许同样深受芬切尔的影响，并且反过来他们为路德维希的工艺师们提供了创作的灵感源泉。在室内装饰中表现洛可可复古最偏僻的地方也许是墨西哥的马克西米兰皇帝的查普特帕克宫，该宫于 1863 年至 1864 年间被扩建。

虽然法国第三共和国在艺术上也许是更有远见，但在第二帝国期间产生的非常富裕繁华的奢侈需求也进一步促使了一种消费行为，特别是巴黎的有产阶级。但重心很快转移到了伦敦，伦敦在 19 世纪 70 年代采用复古装饰风格上扮演了领导角色。除了由威廉·莫里斯和其他人提倡的设计新趣味外，富有的英国人继续在他们的家中采用法国 18 世纪风格的设计；H. 拜德弗尔德·勒米尔（H. Bedford Lemere）非凡的摄影作品充分反映了后维多利亚和爱德华式室内的豪华程度。巴伦·芬蒂那德·德·罗斯查德（Baron Ferdinand de Rithschild）总结了法国 18 世纪室内装饰的所有特点，他写道："它不是古典的，不是崇高的，但它是否如同以前的艺术那样，没有将艺术品质与实用品质相结合呢？……法国 18 世纪的艺术变得流行和时尚，这是由于它具有很多古代艺术所缺乏的适用性……时尚会变，但法国 18 世纪艺术似乎注定要在社会上保留它的魅力……"

　　洛可可风格以其错综复杂的特点成为富有者的首选，而后维多利亚的"帝国"风格（其精致性可与谢拉顿·赫普勒怀特的家具复兴风格相比，并且被完美地浓缩在威廉·奥查德森爵士的一些绘画中）也受到喜爱，同时比较简洁的路易十六风格也受到欢迎，但其影响力不大。虽然第一次世界大战破坏了创造任何这种室内设计的企图，但许多爱德华室内装饰的别致因素被保存在了最好的"艺术装饰"中，好像常常是与新风格有着表面的一致性，而许多18世纪的室内设计元素就有些存在于新风格之中。

第 4 章

西方近现代室内设计

　　西方近现代的室内设计，以 19 世纪中叶以后的工艺美术运动和新艺术运动为主线而蓬勃发展起来。这既可以说是古典设计的终结，又可谓是现代设计的开始，作为室内设计史上重要的一页，有许多值得我们深入研究的地方。

　　20 世纪的设计主流是现代主义设计，但又是一个多元化的设计时期，尤其是 20 世纪 60 年代以后兴起的后现代主义及其他一系列不同风格流派的设计。

第一节　工艺美术运动与室内设计

　　19 世纪中期，无论是在欧洲或在美国，富有家庭的室内设计不可避免地是趋于过分的矫揉造作。商业和工业一起将"少即是多"的思想灌输进维多利亚人的头脑中，这一倾向也必然体现在住宅设计中。在一种日益精致的和风格多变的墙纸、织物和地毯的背景下，不加选择地摆放着各种家具及陶瓷、金属制品和各种小古玩，这种可怕的装饰潮流被维多利亚人作为舒适、名望和趣味的同义词。当时，一种庸俗的乐观主义占据了 19 世纪 50 年代英国人的头脑，人们感谢生产商，因为他们使英国这样富有，并成为世界工厂和一个成功的资产阶级乐园。对这样的气氛和庸俗的趣味，亨利·詹姆士在他的著作中对奥特巴斯的室内写了有些刻薄的几段话："他们用零星装饰物和剪贴艺术，用奇怪的赘生物和成串的织物，用华而不实的也许是给女仆们的纪念品和奖给盲者的便利品来布置室内，令人窒息。不仅如此，他们在地毯和窗帘上的装饰上亦步入歧途，大量地使用清漆，清漆有令人难以忍受的气味，有了它一切都受到污染……"在工艺师们对室内装饰做出个性宣言之前，结果是前所未有的粗俗，它的影响由于大生产化更加恶劣。工业扩张，这在英国从 18 世纪后期就非常明显，在维多利亚年代造成了一种恶性循环。随着人口的增多，对大生产的需求也增加了。而这种现象带来的结果不是为所有人提供更好质量的产品，而是为许多人提供更差的产品。唯一能抵抗大生产的是富人阶层，他们仍然能够雇用最优秀的设计师来布置他们的住宅，从而出现个性化的作品，富有的收藏家寻找法国 18 世纪家具的原因不仅仅是为了新奇或独特，也是因为这种质量的家具当时不存在了。

尽管像约翰·拉斯金（John Ruskin）这样的作家和像奥古斯丁·韦尔利·普金这样的专家喜爱将"哥特"式作为唯一的"真正"风格，建筑师和设计师们都倾向于工艺师的工作，但他们从未获得完全的胜利。然而他们的一条重要原则却得到了越来越多的建筑师和设计师们的拥护，这条原则是在建筑和设计上提倡使用真实的材料，这是大生产的副作用带来的失落。当哥特式对许多人来说似乎是唯一符合此原则的风格时，没有人能够在中世纪艺术原则上发展新的风格。拉斯金和普金没有做到，而法国的瓦利特公爵却成功地进行了尝试，在他的建筑项目中使用铸铁。在设计领域英国突然产生了一群艺术家，他们的作品和理论最终与复古主义一起宣告了现代设计的开始。

这些艺术家并不完全反对折中地借鉴形成维多利亚设计特点的早期风格，因为他们也不可避免地要从传统或从东方学习许多重要的东西。有些在复古主义第一次成为国际流行风格的同时已经创立了他们的新风格，而不是在复古主义之后，甚至在1851年伦敦大展之前，在这一被认为是维多利亚大生产的顶峰之前，欧文·琼斯（Owen Jones，1809—1874）和亨利·科尔（Henry Cole，1808—1882），这两位主要设计改革家，已积极地投入进了普金所称作的设计"真正原则"的争论之中。科尔是一位改革家，是最深地被卷入到大展中的设计家之一，这次大展被看做将实用艺术的所有方面团结到水晶宫屋顶之下的一个手段。尤为重要的是，他成为南肯·辛顿（现在的维多利亚和阿尔伯特）博物馆的首任馆长，对于后来众多年轻的设计家的成长起了重要的作用。在1849年，琼斯创办了《设计与制作周刊》，在这本杂志中，宣传了现代设计观念的基本思想，在那时这种宣传与设计实践是联系在一起的。他们重视的室内材料，如地毯或墙纸，是一种平面而朴素的装饰，这与以前的尽可能多地采用三维空间图案来填充房子的倾向是完全不同的。

科尔的朋友欧文·琼斯更直接地涉入生产领域，他通晓所有的历史风格，这点从他的专著《装饰法》中可以清楚地看出。琼斯的非维多利亚思想被压缩在他对印花布设计中，色彩是白底上深紫色和黑色，高度的简洁，也很新颖。他的织物和墙纸设计注重的是它们的二维效果，考虑到它们是平面载体。无论是科尔还是琼斯都不能称为装饰师，但他们的方法却揭示了室内装饰后来发展的方向：设计提供生产墙纸、织物和某些类型的家具，应为室内装饰个性化提供可能。这点自从 18 世纪以来是被用来装饰次要室内的方法，但现在成为室内装饰的标准，这些室内不带任何以往"风格"的色彩。今天人们也许很难欣赏它所代表的突破意义。

科尔和琼斯的后继者是威廉·莫里斯（William Morris，1834—1896），诗人、设计家和理论家。科尔和琼斯为他的重要改革铺平了道路。科尔已经尝试着用画家和雕塑家的设计去改变大生产的图案，他和琼斯都看到了机器生产物品蕴涵的设计的可能性，正是这点成为莫里斯的切入点。在他逝世之后，人们评论他"改变了公众在室内设计艺术上的趣味"。1861 年，他建立了莫里斯·马歇尔·福克纳公司（后来简称莫里斯公司），在以后的几年里，他们在曼彻斯特展览上展出了家具和绣花纺织品，得到了广泛的好评。画家罗塞蒂（Rossetti）指出他们的产品是"非常中世纪"的，但从一开始，莫里斯的社会主义理论和他的实践之间就存在着分歧。在当时的社会条件，艺术的

"根"已经不复存在，艺术家们脱离现实的日常生活，"用希腊和意大利之梦把自己紧紧地包裹起来……对于这些东西只有极少数人还假装受到感动，或不懂装懂"。这种情况在任何关心艺术的人看来都觉得非常危险。莫里斯以说教的口吻说："我不愿艺术只为少数人效劳，仅仅为了少数人的教育和自由"；而且他还提出了一个决定我们世纪艺术命运的大问题："要不是人人都能享受艺术，那艺术跟我们究竟有什么关系？"就此而论，莫里斯真正是 20 世纪名副其实的预言家，称得上"现代设计之父"。我们应该把下列成就归功于他，即：一个普通人的住宅再度成为建筑师设计思想的有价值的对象，一把椅子或一个花瓶再度成为艺术家驰骋想象力的用武之地。他决定将良好的设计和工艺普及到人民大众之中，但具有讽刺意味的是，他的最好的设计往往是为富人所欣赏使用的。

科尔和琼斯的影响对莫里斯的早期作品是极为重要的，并且已经反映在他自己的住宅即贝克斯雷赫斯的红房子中。这所红房子设计简洁，木质结构，呈现出一种与莫里斯后期比较奢华风格的作品不同的形象，但是它与纯粹模仿复古主义的决裂是极其重要的。红房子建于 1859 年，由他的一位年轻的建筑师朋友菲利浦·韦布（Philip Webb，1831—1915）设计建成，该房子的许多内部特点与以往的趣味是极其不同的，这点归功于韦布，而不是莫里斯。暴露砖结构的壁炉架在形式上使人想起中世纪的加罩式样，但它们的新颖在于其简洁和无细节。在整个房子中，韦布都拒绝采纳自从文艺复兴以来就支配了欧洲建筑的不可避免的古典对称比例的室内。他用非对称来替代对称，所营造出的是一种舒适的感觉而非优雅的感觉，细节部分有意避用古典式的高工艺特点。在对当地的与希腊或罗马毫无瓜葛的建筑传统的影响上，韦布为古典英国乡村或近郊住宅建立了样式。正是在这种朴素的建筑框架的基础上，莫里斯才能够放置他自己设计的墙纸和纺织品。的确，他的许多织物和墙纸（如 1861 年的"雏菊"墙纸）的清亮色彩和迷人的简单图案在形式和色彩上都创造了一种崭新而轻快的气氛。如同他的前拉斐尔派画家朋友的绘画作品，它们是对中期维多利亚艺术的笨拙和学院式呆板的反击。但也像这些画家一样，莫里斯后来倾向于较沉重，较深重的形式，增加复杂性，如在 1883 年设计的著名的"忍冬"花图案印花棉布就是如此，该设计是在后文艺复兴原型的基础上进行的。

就这样，莫里斯倡导的运动与欧洲大陆在 1890 年前后兴起的绘画运动在类似的道路上前进，一起奔向类似的目标。但是，两者在目的与手段方面有着一个主要的区别。那就是：莫里斯梦想恢复中世纪的社会、工艺与艺术形式；而 1890 年欧洲绘画的领导者们则为某些前所未有的东西而奋斗。总的看来，他们的风格突破前人樊篱，无所顾忌，毫不妥协。这种评价也同样

适用于新艺术运动中的建筑和装饰艺术，但在这种突破中画家
比建筑师、设计师更早走一步。

许多艺术家参加了这场大破大立的运动。最有影响的代表
人物是两位法国人——塞尚和高更，一位荷兰人——凡·高，
还有一位挪威人——蒙克。除此之外，还有五位画家也值得一
提，就是：修拉、卢梭、恩索、杜洛普和霍德莱。塞尚、高更
和卢梭等人不去追求各种动人的表面效果，他们信奉完整的不
间断的平面；而霍德莱、蒙克和杜洛普则信奉于节奏感的轮廓
线，他们认为这种手法具有更强的艺术表现力。强烈的色彩和
原始的形体代替了微妙而丰富的色彩变化；生硬的构图代替了
生动别致而又似乎漫不经心的安排。他们所关心的不是客观事
物如何逼真，而是设计构图如何富于表现力；不是对自然界景
物灵敏的观察力，而是把它们转化到一个具有抽象意义的平面
上。由于艺术家各自观点的不同，因而这一特征也就分别意味
着严肃认真的精神、宗教道德观念、强烈炽热的感情，而不再
是玩弄技巧或精雕细琢。它意味着：不是为艺术而艺术，而是
艺术应该为它本身更高的东西服务。

但是，正如在绘画中一样，文学运动也以两种不同的面貌
出现。象征主义可以是一种力量，也可以是一个弱点，即：努
力追求圣洁的感情或流于装模作样。塞尚和凡·高站在一边，
而杜洛普和克诺夫则站在一边；前者坚强有力、自我约束与严

格苛求，而后者则软弱无力、自我放纵与松弛懈怠。因而前一种倾向导向一个富于成就的未来，这就是 20 世纪现代运动的兴起，而后一种倾向则导向新艺术运动的死胡同。

在响应新的号召 19 世纪 60 年代的设计改革上，莫里斯并不是唯一重要人物。1867 年，查尔斯·易斯特拉克的《家庭趣味提示》一书的第一版面世了，不久就迅速出现了 4 个英文版和美国的 6 个英文版。似乎正是从这个时候开始出现了"艺术家具"这一正式称呼，"审美"一词也广泛地被用于描述新出现的轻快、不太折中的装饰和布置风格的趣味上。在英国的"美学运动"中有两个主要因素——日本艺术和"安妮王后风格"，其主要的代表人物是理查德·诺曼·肖（Richard Norman Shaw，1831—1912）和艾顿·内斯菲尔德（Eden Nesfield，1835—1888），"艺术装饰"和美学运动自然地联系在一起。易斯特拉克像莫里斯一样坚持传统工艺师独创性地手工制作一切东西，这一哲学在许多人头脑中是与反对大生产可恶的庸俗化相联系的；如果一件物品是手工制作的，它因此是具"审美性的"，而不是"庸俗的"。是奥斯卡·王尔德（Oscar Wilder）改变了公众意识（特别是在美国通过他的演讲），使他们极害怕"庸俗"化，从而激活了英国在形式方面进行创造的热情，这些运动是专注于设计改革的。

"风格主义"也影响了美国，到 1850 年，残余的帝政古典主义在纽约、底特律和其他迅速发展起来的城市的室内设计中挤掉了几乎所有其他的风格。在易斯特拉克的影响下，哥特式依然流行，并常以一种相当浮夸的形式出现，如纽约第五大街41 号的 D. S. 肯尼迪房屋中的书房设计；在这所房屋中还有一间"第二洛可可"风格的华丽客厅，这种风格与巴洛克风格一起，在新贵族中特别流行。19 世纪的最后十年里意大利文艺复兴风格得到了普及和发展，人们或者彻底重新改造它，如在纽约的公园大街 67 号由斯坦福德·怀特（Stanford White，1853—1900）设计的巴尼房屋中的豪华客厅（1895）；或者将真实的欧洲室内的几个部分组合起来，如在波士顿的伊莎贝拉·斯特瓦特·加德纳房屋。正是在这种丰富的历史风格背景下，H. H. 理查德森（H. H. Richardson，1838—1886）的生动而简洁的新风格于 19 世纪 80 年代出现了。

这一时期在英国开始出现大量的有关各种室内装饰和布置的书籍和报纸杂志，这类书刊与过去的指南明显不同，如皮西亚和方泰的《汇集》。它们不是列举杰出的室内装饰范例，而是（通常以一种平易近人的调子）提供建议，建议人们"怎么"装饰房子，从《餐厅》（洛夫蒂夫人著，1878）到《卧室和闺房》（巴克女士著，1878），读者可以从这样的书中随意挑选他们所需要的，这意味着室内装饰不再只为富有者独享，或者是见多识广的少数人独享。尽管富人们仍然召来主要装饰师（如莫里斯）为其设计，但现在在没有著名装饰师的帮助下，以最时髦的风格装饰任何一个房间都已是可能的事了。这促使了在后维多利亚氛围中发展起来的注重家庭舒适和自我改进的习惯的广泛传播。

尽管莫里斯和其他人引发了一些变化，但来自室内的真正转变即一般认为从"维多利亚"到"艺术"的室内的转变似乎是难以定义的。诸如安妮王后复古风格或那些为许多人所喜爱的复古风格，所谓的"托架和壁炉上的饰架"或"自由文艺复兴"风格之间的分界线是不清楚的。例如，在罗伯特·爱迪斯（Robert Edis）1880 年写的《城市住宅的家具和装饰》一书的卷首插画中，我们看到一巨大的壁炉架，开口处是垂直的哥特式线条，顶上有垂花饰，在垂花饰上方是展示架，镜子和三角形墙叶尖饰。在木壁板之上的每一边，墙面为沉重的都铎王朝玫瑰花式墙纸所覆盖。然而，其效果并不像期望的那样沉重，螺旋状托架支撑精致窗台和浅浮雕，总体上较轻盈的装饰能轻易地转化到新"艺术"风格中。

"艺术"化室内设计的最突出的特点之一是它独立的色彩用法。前拉斐尔派画家弗德·麦道克斯·布朗（Ford Madox Brown）1860 年左右为莫里斯公司的家具着色时所采用的一种特殊的暗绿色唤起了室内装饰师的想象力，并且与新的平面图案墙纸和纺织品结合，在 19 世纪 60 年代创造了许多室内环境气氛，并延伸到19世纪60年代之后的两个年代。这种绿色替代了用于壁脚板、护墙木条、门框和其他墙壁结合处的漆饰红木或橡木的主色，并且为莫里斯、利易斯·F·戴（1845—1910）和布鲁斯·J·塔伯特（Bruce J. Talbert，1838—1881）的时髦墙纸的第二色或第三色起到了完美的衬托作用。值得注意的是，所有这些设计师从一开始都关注家具，后来才转到纺织品和壁纸的设计上。莫里斯公司所做的首批项目中有伦敦的圣·詹姆斯宫中的军械房，装饰于1866年，正是采用这样的色彩结合，在维多利亚和阿尔伯特博物馆中的绿餐厅也是采用类似的方法，并且它具有特别重要意义，因为许多年轻的设计家都参观过它，如爱德华·W·戈德温（Edward W. Godwin，1833—1886）等，他们都从这里发展自己的设计思想。

在这一时期的设计中，将墙面分成几个水平区域是很普遍的，如在踢脚板和木腰线之间的"护墙板"（墙裙）（腰线自18世纪开始流行，用于保护墙面不被椅背磨损），在腰线上方是最大的墙面区域，在墙面和灰泥檐口之间有装饰线围绕着房间。每一区域可用一种不同类型的墙纸，装饰线有时用一种连续的浅灰色浮雕或用一种浮雕和镀金的仿革异型纸。这种纸最初是1870年出现在英国。靠近装饰线的木制挂镜线，可以随意被加深以形成一种东方的情调。瓷碟、扇子和蓝白陶瓷的托架，这些东方产品很快成为室内设计的时髦物品。在门口，壁炉架甚至家具上方悬挂的沉重织物消失了，沉重的镀金画框和镜框消失了，充斥着小古玩的过度拥挤的房间消失了。"开明"的房主人开始使用造型轻巧，有时是油漆的家具，绘画或日本印刷品都用轻型的框架。然而人们普遍喜欢的仍旧是深色调，如深蓝天花板，凡·戴克式棕色墙，还有类似的深色、黑色或灰绿色门；一个墙和天花主要是柠檬黄色的房间，它的门也许是暗绿色或褐色紫；一个房间的墙纸为猩红色，其门和护壁板就可能是黑色或灰绿色。

工艺美术运动和后来的新艺术运动的一个重要的特点是对所有日本物品的兴趣，这源自 1862 年伦敦的国际展览，卢瑟福德·奥尔科克爵士（Sir Rutherford Alcock）的日本收藏品被展示出来。令人吃惊的是，新中世纪建筑师威廉·伯吉斯（William Burges，1827—1881）——这位在当时最具个性的里程碑式的创造者，也是一位重新发现和重新估价日本艺术的主要鼓吹者。阿瑟·拉森贝·里倍蒂（Arthur Lasenby Liberty 1843—1917）是一家伦敦公司的东方部经理，他在将日本产品引入英国方面同样起到了重要作用，后来他在摄政大街上开了一家迅速成名的商店。其他许多人也纷纷效仿他，但由于供不应求，他们进口产品的质量水平很快下降。在 1878 年的巴黎展览上，日本风格得到了最高度的重视，威尔士王子的书房摆放着戈德温设计的"英国—日本"式的家具，房间的装饰由詹姆士·惠斯勒（James A. M. Whistler，1834—1903）完成。这似乎具备了许多有思想的设计家所称赞的特点——简洁干净的线条，以及来自自然形式的装饰。

戈德温和惠斯勒的合作结果产生了这个阶段的一些最美的室内设计作品。戈德温对日本物品的热爱给这个时期带来了一种罕见的精致设计，毫无疑问他的趣味激发了惠斯勒的趣味。早在 1862 年，他在布里斯托尔自己的住宅中以一种强烈的简洁方法进行装饰。简单涂饰的墙面，光秃秃的墙板，只有波斯地毯，日本印刷品和少量的精致家具对此进行了补充。1878 年，他在切尔西的泰特街建造并装饰了惠斯勒住宅，为画家美妙色调的油画提供了完美的场景。戈德温是第一位娴熟地巧妙采用平衡色彩配比的英国设计家，这种色彩配置通常为淡色，如 1884 年为奥斯卡·王尔德装饰的房间就用了各种白色调，这对于其他设计家来说是难以想象的。他为获得准确的色彩平衡而付出很大的努力，使它成为 19 世纪或是 20 世纪而不是维多利亚中期室内设计的典型："整个的木制部分被涂上白色和灰色，墙的其他部分用石灰白加上一点黑，以显出一种略灰色调来涂饰。"戈德温是墙纸和纺织品方面的一位多产设计家，他的设计由瓦耐和杰夫瑞公司生产出来，用于他所装饰的许多室内。

建筑师托马斯·杰克尔（1827—1881）的名声不大，但也设计"日本"风格的室内，特别在 1870 年；他最著名的创作是孔雀屋,现在华盛顿的弗雷尔美术馆中有藏画描绘该室内设计,通常这一创作与惠斯勒联系在一起。从莫里斯风格到杰克尔风格的转变中可以看到开明的顾客已准备好采纳日本风格;在台球房,杰克尔使用了日本漆盘、彩色印刷品和丝绸绘画,并以橡木框架配置,将墙和天花分成许多小的嵌板块;在起居室中,他在壁炉上用雕刻的饰架将瓷器的优势显现出来。在1868年日本明治维新之后,市场上日本物品泛滥,不同水平的室内装饰上都留有日本趣味的痕迹,这一现象一直保持到第一次世界大战爆发。自然,并没有多少设计家能像戈德温那样出色地诠释日本设计的精华。

奥斯卡·怀尔德1882年在美国的巡回演讲的效果与上述的情况相比是微不足道的,因为正是他以打折扣的和荒谬的形式传达莫里斯于1877年开始在他的"装饰艺术"授课中首先提出来的思想。怀尔德从莫里斯的讲课中得到的原则是:"在你的房间里没有什么你认为是没有用处的或者是不美丽的",这一思想被易斯特拉克的《家庭物品趣味》一书介绍进美国,从而为工艺美术运动在美国的成功铺平了道路。

工艺美术运动和它的各种分支是英国独有的艺术现象,并且其最明显的表现是在住宅室内的装饰上。正是这个领域常常受到攻击和拙劣的模仿,如1881年发表在《活力》上的一首称为"墙裙的败落"诗中所描述的那样。吉伯特和苏里凡在同年的小歌剧《忍耐》中拙劣地模仿"多愁善感的植物时尚热"，这是"唯美主义者"的特点。然而，正是这种"植物时尚"促使了一个重要的在全球范围内影响了住宅室内设计新篇章的产生——新艺术。

第二节　新艺术运动与室内设计

新艺术运动，在德国被称作"青年风格派"，在奥地利是"分离风格派"，在意大利是"自由风格派"，在法国是"新艺术运动"，在不同的国家有不同的表现，更加华丽的表现一般是在拉丁国家，但它们都有一些共同的特点。这种风格的根源可以追溯到许多以前的运动，如远至18世纪早期的洛可可的不对称形式，但真正的推动力来自阿瑟·H·麦克姆多发表在1883年的《列恩的城市教堂》一书的封面设计。它以弯曲波浪形式，如同在水底下飘动的植物，预示了新艺术在所有装饰艺术中的设计特点。

如果说工艺美术运动在英国发出了复古主义结束的信号并且在某些方面代表了一个转变阶段，那么新艺术运动则是与1890年紧紧相连的，是与一种新的概括了一个重大世纪最后几年逃避现实的艺术气氛相连的。新艺术的生命是短暂的，它从出现、发展到消失仅十余年时间。

充分发挥新艺术特点进行住宅室内设计的第一位建筑师是比尔根·维克多·霍塔（Belgian Victor Horta，1861—1947）。他将建筑与内部装饰结合起来，从而使他不仅仅只是个装饰师，并使他与这一时期的其他伟大设计家麦金托什和高蒂的名字连在一起。如同洛可可艺术一样，新艺术的精华在于将建筑和装饰合成一个不可分割的统一体。从瓦列特公爵 1875 年至 1881 年发表于波士顿的两册论文《论建筑》中，可以发现霍塔开始对铁饰物的结构和表现力感兴趣，他设计的最早的建筑是 1892 年至 1893 年在布鲁塞尔保尔-艾米勒·汉森街 6 号的塔塞尔馆，

在许多方面，这所房子的室内设计都是他最优秀的作品，该房子著名的楼梯设计预示了所有他后来的设计特点。铁饰物部分暴露在柱子和梁上，弯曲旋转成植物的卷须形式。这些与墙上和天花上的绘画相对应，并且也与霍塔用在另外几处室内的镶嵌马赛克地面图案

图 4—1　霍塔设计的塔塞尔馆

相对应（图 4—1）。这种对蜿蜒线条的热爱可以在当代荷兰画家简·托罗普（Jan Toorop）的作品中发现。

霍塔认为："任何一项工作的完成，都包括完全根据经验的尝试，这种经验在技术上是与进行中的目的相适合的。"他还是一位技术的实验者，用各种门廊替代在大部分维多利亚式住宅中相当普及的长走廊。他还亲自设计室内的每一角落，从门把手到彩色玻璃，他不仅将彩色玻璃用于窗户和门的嵌板上，而

且还用于室内的天花板上，如在冯·艾特维特府邸（1895 年完成）。霍塔对铁制品的热爱使他所采取的形式与其他设计家截然不同，如在 1895 年至 1900 年间完成的在布鲁塞尔的索尔韦住宅中的栏杆设计，与刚刚过去的受美学运动影响的有着浓郁的新巴洛克风格复杂性的铁饰品设计有着鲜明的对比。霍塔只是众多的新艺术设计家如高蒂和麦金托什等的其中之一，他们将铁饰品以最纤巧的形式表现出来，实现了铁饰品表达抽象和力度的可能性。

像许多建筑师和设计家一样，霍塔不能忘却 18 世纪洛可可室内设计所取得的统一的效果。在这种统一风格的影响之下，霍塔设计最优秀的一个例子是在索尔韦府邸的宏伟餐厅。每一形式的一种类似生长的有机感觉使该餐厅富有生机，这里，尽管有强烈的垂直线条唱主角，但壁炉架，大壁炉架上的镜子和在每边固定的、上了玻璃的柜子都似乎属于同一结构和装饰的统一体；霍塔室内设计的特点展望了 20 世纪最好的设计，并使他成为这一阶段最敏感的设计师之一。他的墙面处理揭示了一种良好的处理方式，他将彩色玻璃、镜子和窗户非常精细地嵌入墙中；在现代人眼中，他的设计是结合了最优秀的欧洲传统和一种有远见的方法，据说霍塔的前任师傅阿方斯·巴拉特（Alphonse Balat）在看到塔塞尔宫邸时激动得流下了眼泪。

在低地国家有两位建筑设计家在某些有别于霍塔的方面发

展了新艺术的其他特点。这便是 H. P. 伯拉格（H. P. Berlage，1856—1934）和亨利·凡·德·威尔德（Henry Van de Velde，1863—1957）。伯拉格的家具设计是在阿姆斯特丹的工作室中完成的，他关注民间艺术和当地的建筑和装饰传统。在某种程度上对某些国家的新艺术发展有着重要影响，他对形成了荷兰建筑特点的砖结构的兴趣使他在住宅室内设计中将其发挥到有些冷漠的程度，如 1898 年在海牙的欧德·舒尔尼斯奇·韦格（Oudc Schereningschc Weg）的楼梯设计。它有意粗糙的特点与许多新艺术室内的华贵设计形成了对比，并且提前二十多年进行了后来类似的表现主义实验。凡·德·威尔德也对装饰设计有着更加功利的想法："为了美而追求美是很危险的"，在自己的住房设计中，他追求的一个原则是尽可能地摒弃装饰。这种无情的现代主义使他获得了萨克森大公（Grand Duke of Saxony）在巴黎的汉堡商人萨穆尔·宾（Samuel Bing）和艺术理论家朱利斯·米尔-格拉夫（Julius Meier-Graefe）的赞助，一群深受他的风格影响的艺术家也加入到他的行列。1899 年，他迁居德国，他的思想建立在莫里斯的理论基础上，是包豪斯的理论基础。当时最有魄力的室内设计师之一是格里特·W·蒂塞霍夫，他从中世纪的作品中汲取灵感，发展了自己的风格，如在海牙的格米特博物馆中的豪华室内，精致的织锦嵌入淡色有光泽的木板中。

　　这个阶段最伟大的室内装饰师可以说是查尔斯·雷尼·麦金托什（Charles Rennie Mackintosh，1868—1928），他是一位不折不扣的天才苏格兰建筑师，他的影响是国际性的。麦金托什和他的朋友赫伯特·麦克耐尔、麦当娜姐妹——姐姐玛格丽特和妹妹弗朗西斯（MacDonald sisters，Margaret 和 Frances），因此形成了著名的"格拉斯哥四人"设计集团，他们的作品在1902年杜林展览中就引起了轰动。麦金托什设计的室内、织物、广告招贴和家具迅速受到维也纳和慕尼黑等城市中的艺术界和知识分子圈中主要人士的欢迎，在这些地方，他杰出地将某些清教徒主义与一种强烈知觉结合的风格引起了共鸣。他最初的格拉斯哥业绩是在格拉斯哥艺术学院的建筑设计上，并于此时（1896年至1899年）已显示出了他后来风格的萌芽。极富幻想力的空间感显示他有一种对永恒空间的超凡理解力，从而使他鹤立鸡群，他和他的妻子拥有自己独特的装饰设计手段。他的妻子发明了一种修长的人或花的图案形式，从而使室内充满了垂直线条的二维图案式样，淡紫色、粉色和白色等色彩成为装饰图案的主色调。这种风格在格拉斯哥梭奇汀大街的格朗斯顿茶馆的设计中达到顶峰，遗憾的是，麦金托什设计的室内很少能像他设想的那样完整地保存下来。

　　与霍塔受洛可可风格影响完全不同，麦金托什的贵族品位从各种风格中得到启发，如凯尔特艺术（麦金托什有规律地采

用它的雕刻仿效品）和苏格兰的巴罗尼尔建筑传统像他的同时
代人 M. H. 巴利·塞特（M. H. Baillie Satt，1865—1945）一
样，麦金托什将嵌入式家具和传统的壁炉边饰与他的墙壁图案
结合；像巴利·斯各特的作品一样，用极精细的色彩配置来统
一，柔和的阴影为主调。这种明显的抑制与新艺术的夸张结合
导致了一种慎重的自我意识风格，与朴素的工艺美术室内风格
的室内设计非常不同。直线条的优势突然被一种伸长拉紧的曲
线所冲击，这种曲线在风格化的玫瑰或抽象的椭圆形的形式中
发挥到极致，他的优美的设计记录了他的意图——在这种设计
中，甚至是花的布置都遵循同样强健有力的线条，提示了麦金
托什室内设计的理想者应该是"细长的镀金灵魂"。在次一级程
度，巴利·斯各特的室内也是如此，如他为"一名艺术爱好者
的房屋"设计的室内，以及那些在 1894 年和 1902 年间在《工
作室》（The Studio）杂志中的特写那样。但巴利·斯各特从未
在幻想力方面有超常的发挥，然而正是这种幻想力导致了"格
拉斯哥四人"设计集团被称为"幽灵派"。

　　在英国没有出现其他的可与麦金托什的才能相匹敌的天才，
但在 1900 年左右的一个重要发展是大量商业家具公司的涌现，
它们将受到工艺美术运动影响的设计提供给顾客。在这些公司
中最著名的是希尔父子公司，它与其他的公司如怀利和洛克哈
德一起，使越来越多的人接受了只陈设一些设计良好的家具的

简单室内风格。在整个 19 世纪，家具图录促进了公众对进步潮流的觉醒与理解，希尔延续发展了这种传统，并附带地提供了一种关于趣味细微变化的有趣记录。伦敦作为家具贸易中心，这些图录使购买者能够在离首都任何远的地方挑选最时髦的家具，在整个英国，家具制作者都纷纷复制希尔公司的新产品。如同最初介绍的"艺术风格"一样，希尔的大部分家具能够轻易地放置在任何朴素简单的场景中，结果在 1900 年左右的一般英国住宅中常常出现都铎和雅各宾式拼木的或嵌板式的或受日本风格影响的家具。

在法国，新艺术设计（新艺术毕竟是法国名称，来自萨穆尔·宾在巴黎普罗旺斯街上的商店名称）总的来说是比欧洲的其他地方更加精细，特别在家具和室内装饰方面。虽然不能与英国相比但也出现了开明的思想家如瓦列特公爵和列昂德·拉波德伯爵。拉波德的两本著作《艺术和工业的联合》发表于 1856 年，追寻技能的回归，1866 年出现了鲁普里奇-罗伯特（Ruprich-Robert）的《植物装饰》，他对自然形式的兴趣反映了法国新艺术的主要影响之一。法国比任何其他国家（也许除了意大利）更多地怀念过去，更多地回顾洛可可风格。这与对自然形式的新兴趣结合，呈现出新艺术的最具特点的表现。新艺术在法国有两个主要中心：巴黎和小城南希，南希派的许多工艺师创立了一种高度精致的当地风格。"艺术装饰联合中心"命名于 1877 年；1891 年，《纯洁》杂志在巴黎创刊，像两年后在英国开始出现的《工作量》杂志一样，传播了与新艺术有密切关系的最新思想，1898 年出现了《艺术装饰》杂志，同年，米尔-格拉夫（Meier-Graefe）开设了他的商店"现代屋"。他的商店是销售他和一些艺术家及工艺师杰出产品的中心，这组艺术家和工艺师中包括乔治·德·芬尔（George de Feure）、尤金尼·柯罗那（Eugene colonna），尤金尼·格拉德（Eugeine Gaillard）和美国现代主义者路易斯·康弗特·蒂凡尼（Louis Comfort Tiffany）。如同英国的工艺美术运动一样，新艺术风格的室内是从在这样的商店中购买的物品，但也有许多设计家对整个室内的装饰陈设进行重新设计，最著名的是赫克托·吉马尔德（Hector Guimard，1867—1942）。

吉马尔德以巴黎地铁站的完美铁饰品设计著称，在这里概括了他擅长的令人愉快的蜿蜒的植物风格。1894 年至 1989 年间，他在帕塞（Passy）的喷泉街 14 号建造了著名的"贝朗格建筑"公寓，公寓中的杰出室内有着只有西班牙的高蒂的作品才能相比的抽象概念。在这里他直接反对麦金托什和维也纳人的理性主义。像墙面镜和门框这样的饰品都似乎是从包含它们的结构中生长出来，提供了一种极富幻想力的元素，使得一位作家将 1903 年吉马尔德在塞弗尔建造的非常古怪的亨雷特建筑描绘成"麦莉萨德的住处"，即毛里斯·马特林克的象征主义神话故事《帕莉亚斯和麦莉萨德》中女英雄的住处。吉马尔德将他自己说成是一位"艺术建筑师"，并且在新艺术于法国"失宠"之后的很长一段时间内继续创造充满新艺术风格的室内。

尽管家具时尚是稳定的，许多装饰倾向于被固定在嵌板或其他木制装饰形式中，但由这个时期主要的设计家创造的室内尽管没有这些装饰内容，但仍然是迷人的。然而，新艺术的室内只有当陈设了同样风格的家具物品时才最能显出其魅力。特别是在法国，我们可以看到加勒的炉火纯青的玻璃制品，路易斯·马朱里尔（Louis Majorelle）或亚历山大·查潘蒂尔（Alexander Charpentier）的雕刻形式的家具，或乔治·德劳尔的特别轻巧的彩绘家具，以及阿尔方斯·穆查（Alphonse Mucha，1860—1939）的墙纸、银饰或陶瓷作品。穆查也许是最能代表1900年左右巴黎新艺术胜利的艺术家，巴黎新艺术在1900年的博览会上获得了宫廷方面的认可；穆查整理概括法国新艺术风格的三本书《装饰组合》、《装饰图案》和《装饰资料》，出版于1900年后的几年中。他的室内装饰在一种奢华的基础上构思，采用华丽的材料和色彩。在法国，科罗那（Colonna）和德·芬尔设计的地毯可与英国的瓦塞和弗朗克·布朗威（Frank Brangwyn）设计的地毯相媲美，悬挂织物这时在法国得到了复兴。

最富幻想力、独创性和抽象性的新艺术设计表现在安东尼·高蒂（Antoni Gaudi，1852—1926）作品中，他几乎一生都在巴塞罗那或巴塞罗那周围工作。像麦金托什一样，高蒂从当地的传统中吸取了多种元素如哥特式和摩尔人艺术；并且发展了一种有时是反复无常，经常噩梦似的，但始终是有独创力的风格。他是一位虔诚的教徒（他在巴塞罗那逝世后几乎被作为一位圣徒来举行葬礼），狂热的宗教因素贯彻了他所有的设计中，无论是外部设计还是内部设计，达到了强迫性的程度。同吉马尔德一样，高蒂设计了公寓群（如 1905 年至 1907 年的巴特罗公寓和 1905 年至 1910 年的米拉公寓），然而，他的住宅平面图就像疯狂的蜜蜂的蜂房，内部墙壁也与外部一样明显地毫无逻辑性。高蒂以他的一些惊人建筑而闻名，如"圣家族"大教堂，它们的实际价值要比他的室内逊色得多。

他的第一座主要私人住宅设计是 1878 年至 1880 年的韦塞斯宅，在这所房中的室内反映了工艺美术运动的特点。墙壁是木装修，简单的家具（包括画框），其余的墙面上有彩绘鸟和常春藤，这些似乎是从木装修后面生长出来的。天花的设计很独特，在凹槽横梁之间彩绘上一串串一丝丝的植物，有时还延伸到墙的上方。在整个房间中，出现了修饰过的摩尔风格的元素，特别是在吸烟室中，伴随有天花垂饰物，伊斯兰灯饰以及珠状的窗纱。在哥乌尔宫（1885 年至 1889 年为他的最重要的客户哥乌尔建造）的门厅，伊斯兰和哥特元素与巨大而美丽的天花相结合，将室内铸铁窗饰创造出给人一种随心所欲的新颖印象。

高蒂的室内所散发出来的活力使它们有别于欧洲其他地方的所有同时代的作品，从另一方面也似乎映衬出麦金托什室内的暗淡和霍塔装饰的错综复杂。

在高蒂著名的卡尔韦特公寓楼设计中最好地体现了他对建筑和装饰的完整性感觉，该公寓楼的传统外部掩饰了其内部的辉煌。螺旋状花岗岩柱子，突出的柱基使人想起加尼尔在巴黎歌剧院中第二帝国风格细节设计特点，蓝白瓷砖覆盖的墙与大面积毫无变化的砖墙形成鲜明的对比，光滑的内嵌式窗户和门，光泽的暗色木饰板和奇特的铁饰品，所有这些都让这些房间无论是在式样上，还是在材料的使用上都有其无与伦比的独创性。正如彼夫斯纳所说："远离伦敦、巴黎或布鲁塞尔，高蒂在这种条件下发展了这种不妥协的新艺术品格。"

与之形成对比的是，德国和奥地利设计家的作品大多受英国的影响。慕尼黑和德累斯顿 1897 年举办的展览展出了国外新艺术的作品，有影响的杂志《青年》在前几年就已成为新艺术运动的代言人。在慕尼黑，新古典主义仍有着强烈的影响，特别是在弗朗兹·凡·斯达克（Franz Von Stuck）的作品中，他的贵族化室内设计"引用"了古典，如同高蒂引用伊斯兰艺术一样，但其调子少一点男性阳刚之气。

三位缔造了维也纳新艺术分离派的设计师是奥托·瓦格纳

(Otto Wagner，1841—1918)，约瑟夫·马里亚·奥尔布里奇
(Joseph Maria Olbrich，1867—1908) 和约瑟夫·霍夫曼（Jo-
seph Hoffmann，1870—1955)，在这里，麦金托什在室内装饰
方面的影响是最重要的，因为维也纳人不喜欢比利时人和法国
人采用的那种绵长无力的植物状风格。自从在 1902 年的杜林展
览上取得巨大成功之后，麦金托什和他的妻子在欧洲声名鹊起，
他们将功能与风格相结合，正是这点赢得了维也纳人的青睐。
分离派成立于 1877 年，是为了打破奥地利首都的保守艺术而创
立的一种新风格，它与早期风格决裂的决心使得它的新艺术宣
言更坚定地与现代主义联系在一起。

　　麦金托什为分离派所知晓也许早在 1897 年，当时他的一些
设计出现在《工作室》杂志上，他于 1900 年被邀请到维也纳。
分离派的建筑设计师仔细地研究麦金托什，他奇特的设计将朴
素与优雅的结合、实用与装饰的结合，证明是具有不可抵抗的
魔力的。麦金托什风格的两个特点极大地影响了维也纳人，这
便是强烈的垂直线条和偶尔采用的高度特殊的装饰词汇。他喜
爱将墙的表面分隔成几个嵌板区域，时常创造出一种紧接在天
花水平线下的一个像装饰线似的区域（与英国的"唯美"室内
设计遥相呼应），这深深地影响了维也纳人连接空间的方法。在
发展的分离派影响之下，最著名的室内设计是布鲁塞尔的斯托
克利特宫，在这里，可以看到对高档材料、色彩和质地的喜爱

不仅成为这个阶段威尼斯室内装饰的典型特征，而且也是绘画，特别是古斯塔夫·克里木特（Gustav Klimt，1862—1919）作品的特征；克里木特闪光的珠宝似的绘画作品是他的维也纳富有顾客家里的主要装饰品。从凡·德·威尔德开始，新艺术时期的许多设计师都卷入了商业室内设计和游艇及火车的内部设计之中。

在意大利，自由奔放的植物风格惊人地流行，不仅像米兰这样的主要城市，而且也在意想不到的地方如彼萨罗（Pesaro）。在米兰，19 世纪 90 年代的许多新公寓楼在内部的装饰均为修改过的新艺术形式。许多体现这种风格的最好建筑保存了下来——但令人惊讶的是，它们都不为人所知，两位最著名的建筑师是雷蒙多·德阿罗科（Raimondo d'Aronc，1857—1932）和尤塞比·索马鲁加（Giuseppe Sommaruge，1867—1917）。他们都体现了意大利新艺术的基本折中主义本质，吸收了法国和奥地利前辈们的风格精华。追随传统，许多意大利室内设计师以线性设计的形式对新艺术装饰表示拥护，这些线性设计基本上是没有变化的。

在这种风格中最主要的装饰师是弗斯托·科顿诺蒂（Fausto Codenotti，1875—1963）和科斯坦蒂诺·克罗多那（Costantino Grondona，出生于 1891 年），他们像大多数意大利同时代人一样，深受格拉斯哥派的影响。在麦金托什的基本垂直线条和矩形设计的基础上，他们在壁画、嵌板、纺织品和彩色玻璃上增加了植物风格图案。克罗多那的《装饰艺术样式》发表于1908年，提供了许多预示了装饰艺术的装饰项目，吉奥凡尼·巴蒂斯塔·吉亚诺蒂（Giovanni Battista Gianotti）主编的周刊《为艺术》创刊于1909年，传播了维也纳和德国慕尼黑分离派的影响。加里列（Galileo）和奇诺·奇尼（Chino Chini）是地面花卉植物图案的创造者；安伯托·贝罗托（Umberto Bellotto，1882—1926）的铁制品和玻璃品深受德·安奴兹奥的欣赏，德·安奴兹奥的惊人的折中主义范围极广，从古典和拜占庭室内到最近的风格；在西西里，恩尼斯特·巴西勒（Ernesto Basile，1857—1932）创造了许多最荒谬的用花卉植物装饰设计的室内，蔓延的形式覆盖了墙壁、天花和地面的每一角落。

美国的新艺术传播得到了众多人物的支持，其中有路易斯·康弗特·蒂凡尼（Louis Comfort Tiffany，1848—1933）。华丽色彩的彩色玻璃窗是他室内设计的最炫目特点，他的公司为富有的顾客如 H. O. 哈韦梅尔（哈韦梅尔建筑，纽约）作室内设计服务。弗兰克·劳埃德·赖特早期的作品也具有新艺术运动的特点。

工艺美术运动在英国的作用与新艺术运动在欧洲大陆的作用在很大程度上是相同的。它们都是在复古主义与现代运动之间"过渡"的东西。如同英国的工艺美术运动一样，欧洲大陆的新艺术运动具有复兴手工艺与应用艺术的优点。毫无疑问，工艺美术运动在追求质量坚实可靠和形式简练朴素之外，还追求比新艺术运动更高的道德价值。工艺美术运动代表一种为社会尽职的行为，而新艺术运动在本质上是为艺术而艺术。这就是导致工艺美术运动最终失败的原因所在，并使那些优秀的艺术家们为了在前进中充分发挥自己的才能不得不把它放弃。然而，新艺术运动至少在一个方面比工艺美术运动走前一步，这就是它突出地反对向任何一个时代模仿或吸取灵感，而工艺美术运动则不然。

莫里斯无法欣赏新材料所能提供的种种好处，因为他耿耿于怀的是工业革命带来的不良后果。他所看到的仅仅是那些被消灭了的东西：工匠的技艺与令人愉快的劳动。但是，在人类文明的发展史上，从来没有一个新时期在它出现的开始阶段不伴随着种种价值观念的全面而激烈的变革，而这些阶段对当时人来说却会产生强烈的反感。

然而，另一方面，工程师们却专心于搞那些令人激动的发明创造，因而对他们周围社会上的不满情绪以及莫里斯的谆谆告诫竟然视而不见，听而不闻。由于这种对抗的存在，19世纪中两股最重要的具有新趋势的力量——艺术和建筑，却不能联合起来。工艺美术运动坚持它向往过去时代的态度，而工程师们却对艺术漠不关心。

新艺术运动的领导者们是首先了解这两方面的人。他们接受莫里斯传播的艺术见解，但他们也把我们的新时代看成是机器的时代。这就是他们的名声所以能垂之久远的原因之一。我们有必要把现代设计运动理解为莫里斯倡导的工艺美术运动、钢结构建筑的发展和新艺术运动的综合物。

西方学者曾认为，现代设计运动并非只有一个根源，莫里斯与工艺美术运动是它们的主要根源之一；另一根源是新艺术运动。而 19 世纪的一批工程师们的作品则是我们现行风格的第三个根源，其力量之大与前两个根源不相上下。

新艺术及其各种分支为最折中的世纪提供了一个浪漫的结局。法国新艺术概括了几个传统风格，而麦金托什和维也纳人更是向前展望了 20 世纪的更具创造力的未来。也许它对室内设计最重要的贡献是对风格和室内设计的强调上。它的广泛传播——主要的展览会和报纸杂志的有力宣传——在迅速传播现代主义和创立一种真正的国际风格方面也是一个重要的因素。

第三节 20世纪的室内设计

魏玛包豪斯的第一宣言中写道：完整的建筑是视觉艺术的最终目的。它们最重要的功能曾经被认为是具有装饰作用。今天它们孤立地存在着，只能通过全体设计师意识的共同合作才能从这一状态解脱出来。建筑师、画家和雕塑家必须重新认识到一个建筑作为一个整体的特点。只有这样，他们的作品才浸透了建筑的灵魂。休・卡森爵士在1968年发表的《室内设计的构成要素》中也写道：总体说来，对于室内设计师有两个方法，第一是"完整的"，其概念是室内设计与结构的不可分割性，图案形式、质地等是建筑的有机组成部分，寻求永恒不变的品质。第二是可被称作"重叠的"，在这里，室内要素是可变的，易于修饰或甚至在没有损坏建筑的情况下可以改变室内格局。

尽管在住宅设计中有某种程度上的局限性，这两种方法之间的区分在20世纪还是得到了强调，"室内装饰"这一名称总是用于后者，而前者一般被说成"建筑的"。在这方面，卡森继续写道，"许多建筑师拒绝相信室内设计的存在"，这是某些建筑师给"室内装饰师"这一称呼贴上的耻辱。

住宅建筑及其室内装饰设计之间的鸿沟是20世纪的特殊现象，也是与当代的重要建筑发生本质变化相联系的现象。在19

世纪，工业和商业建筑与住宅建筑之间是平衡的，当钱和注意力大量花费在商业建筑上时，住房建筑的规模仍然很大。今天，体量庞大的建筑几乎全都限于银行、办公楼和其他的公共建筑，在这些地方有时出现了以往在宫殿和教堂建筑中的装饰类型。18 世纪时，一个富有的家庭会在乡村建一座大的乡村别墅，而在 20 世纪一座小的由密斯·凡德罗或勒·柯布西埃设计的房子就有着相等的身份象征。然而，今天的富人们继续在室内装饰设计上投入大量的金钱和精力，自从第二次世界大战以来的装饰师的增多和发展起来的期刊业就可证明这点。这些精美的杂志定期将时尚的室内作品介绍给广大的读者。

但 20 世纪建筑师和室内设计师之间的裂痕是现实存在的。正如我们已经见到的，从古代起，许多优秀的室内设计是当时建筑师和主要画家或雕刻师合作的结晶。重点是合作，因为像布拉曼特，勒·奥和罗伯特·亚当这样的建筑师依靠各种各样有能力的工艺师来实现他们的设想。这种现象特别发生在那些被认为更建筑化的室内，在重要的楼梯、大厅和公共接待空间中的设计和装饰上。在 20 世纪，建筑师将重点放在功能上，甚至在住宅室内，自然地减弱了与结构没有关系的所有固定装饰的重要性。因此，在一所全部由一位建筑师设计的房中很少需要一位室内装饰师，因为在大部分这样的室内，内部建筑提供了暴露表面的空间的承转启合和处理方法，这些露出的表面以前是供给绘画、雕刻、嵌板或其他装饰用的。

这样的综合迹象最初出现在 19 世纪后期的像查尔斯·安尼斯利·瓦塞（Charles Annesley Voysey，1857—1941）这样的建筑设计师的作品中，瓦塞曾写道："废弃大量的无用的装饰"，他使用与莫里斯和莫里斯一类人同样的工具和材料来设计房子——墙纸和家庭用品，但又与他们不同的是，他基本上是一位建筑师。正是他将室内的功能特点转为装饰效果的能力，使他牢固地与现代运动连在一起。这点可以在 1900 年赫特福德郡的乔利何德的"果园"屋的大厅中看到。在这里，尽管带有怀旧的英国乡舍味道，但其设计元素的处理方法，如在楼梯的设计上，还是新颖独到的。瓦塞的外部建筑和他的宁静而简洁的室内之间的紧密的风格联系也同样重要。他的作品看似简单，实则难以模仿；但英国郊区出现的半分离、木造、有人形墙的房屋都是受瓦塞的影响所至。另一位重要的英国人物是安布罗斯·希尔（Ambrose Heal，1872—1959）爵士，他的一生跨越了维多利亚到现代时期的转化。他在自己的伦敦商店里废弃了维多利亚家具类型，他喜爱比较轻巧的类型，几乎没有装饰，或者是小心结合地装饰，这点与瓦塞的实验相吻合。希尔的图片目录在整个英国广泛传阅，有助于为简单的室内创立一种新时尚。

在瓦塞于世纪之交创造他的杰作的同时，美国伴随着弗兰克·劳埃德·赖特（Frank Lioyd Wright，1869—1959）作品的出现，突然走在了建筑设计的前面。赖特曾是路易斯·沙利文（Louis Sullivan，1856—1924）的学生，沙利文寻求的建筑是"良好的造型，动人，无装饰"，赖特也深受亨利·荷伯森·理查德森（Henry Hobson Richard-son，1838—1886）的建筑影响，理查德森的开敞式平面布置对他的建筑有着重要的影响。赖特让他的建筑"从不超出外围环境以与它的状态条件相和谐"中发展。他在芝加哥附近的"草原住宅"与周围环境相统一，同英国的任何建筑非常不同：特殊的美国特性表明它们是一种真正的建筑的独立开始。与美国一般的维多利亚室内相比，赖特的室内具有令人吃惊的裸露特点，大胆地暴露内部砌砖结构，并将这种砌砖与仔细挑选出的木材结合，这种风格立即获得欢迎。在 19 世纪 90 年代，他设计的各种大小的住宅，如在伊利诺伊州维斯罗房屋中，他采用条形窗户，其造型主宰了室内；打破了远处的自然形象。赖特的室内与它们周围环境的关系是独特的，在他的许多房屋设计中最突出的特点之一是强调壁炉（壁炉在他看来既有象征意义又有功能作用）。出生在维多利亚时代的任何一位建筑师都无法想象赖特的做法，他将壁炉放置在最低点（地基），允许升进室内，这更进一步说明他比较喜欢打破室外和室内之间的分界。赖特回顾设计实践，结合当时一般中小资产阶级有看破红尘、渴望世外桃源的心理，总结出以

"草原式"住宅为基础的"有机建筑"。

什么是"有机建筑"，赖特从来没有把它说得很清楚。不过"有机"这个词，那时却相当流行。瓦尔特·格罗皮乌斯（Walt Gropius）在20年代时曾把自己的建筑说成是有机的；德国那时还有一些建筑师如海林、夏隆等，虽然他们的作品格调同格罗皮乌斯不完全相同，也把自己的建筑称之为有机。赖特对他自己的"有机建筑"的解释是："有机"二字不是指自然的有机物，而是指事物所固有的本质；"有机建筑"是按照事物内部的自然本质从内到外地创造出来的建筑；"有机建筑"是从内而外的，因而是完整的；在"有机建筑"中，其局部对整体即如整体对局部一样，例如材料的本性，设计意图的本质，以及整个实施过程的内在联系，都像不可缺少的东西似的一目了然。赖特还用"有机建筑"这个词来指现代的一种新的具有生活本质和个性本质的建筑。在"个性"的问题上，赖特为了要以此同当时欧洲的现代派，即格罗皮乌斯、勒·柯布西埃等所强调的时代共性对抗，有意把它说成是美国所特有的。他说美国地大物博，思想上没有框框，人们的性格比较善变、浮夸和讲究民主，因此，正如社会上存在着各种各样不同的人一样，建筑也应该多种多样。由于上述名词大多是抽象的，赖特所遇到的业主又似乎都是一些肯出高价来购买创意不凡的建筑的一些人，因而赖特的"有机建筑"便随着他的丰富想象力和灵活手法而变化。

1936 年，赖特为富豪考夫曼设计了取名为"瀑布"（Fall-ingwater）的周末别墅（又译"流水别墅"）。这所住宅体态自然地跨越在一支小瀑布上；房屋结合岩石、瀑布、小溪和树丛而布局，从筑在下面岩基中的钢筋混凝土支撑中悬臂挑出。屋高三层，第一层直接临水，包括起居室、餐室、厨房等，起居室的阳台上有梯子下达水面，阳台是横向的；第二层是卧室，出挑的阳台部分纵向、部分横向地跨越于下面的阳台之上；第三层也是卧室，每个卧室都有阳台。

"流水别墅"的起居室平面是不整齐的，它从主体空间向旁边与后面伸出几个分支，使室内可以不用屏障而形成几个既分又合的部分。室内部分墙面是用同外墙一样的粗石片砌成的；壁炉前面的地面是一大片磨光的天然岩石。因此，"流水别墅"不仅在外形上能同周围的自然环境配合，其室内也到处存在着与自然的密切联系。别墅的形体高低前后错综复杂，粗石的垂直向墙面与光洁的水平向混凝土矮墙形成强烈的对比；各层的水平向悬臂阳台前后纵横交错，在构图上因垂直向上的粗石烟囱而得到了贯通。别墅的造型以结合自然为目的，一方面把室外的天然景色、水声、绿阴引进室内，另一方面把建筑空间穿插到自然中去。的确做到了"建筑装饰它周围的自然环境，而不是破坏它"。

有时，赖特的尖锐性接近野兽主义，但以低的角度环视室内，其形状和相互联系有时故意地模糊化，因而整体效果还是轻松的。赖特的顾客能接受他的超前观念。他对顾客的关注反映在加利福尼亚斯坦弗德的汉那房屋卷宗中，在这里，一整套相应的档案使人们跟踪令建筑师和主人都满意的房子每一部分的成长情况。除了某些细节外，赖特的室内设计在20世纪的第一个十年中就已经出现了非常现代的特征，确实，他那特殊的质地结合使它们的魅力保持到现在而没有被密斯·凡德罗的奢华室内所取代。正是赖特普及了与房子同高度的或者与房屋墙壁同长度的狭窄壁架（如伊利诺伊州康利屋）的壁炉墙。虽然高度异质化，但他充分发展的室内很少采取装饰的特殊手法，像康利屋中的木嵌板天花边缘周围的椭圆形古怪图案描绘，赖特风格的男性化通过他在亚利桑那州西塔里埃森的学校得到了广泛的传播。赖特拒绝对装饰艺术等过去的风格潮流妥协而为自己设立了作为美国现代主义之父的不稳定的地位，他对其他建筑师的变革创新保持警惕，如在阿拉巴马佛罗伦斯的受密斯影响的罗森保姆住房室内和密歇根奥克姆斯的维克勒房屋室内设计那样。

在欧洲，荷兰人特别能接受赖特的男性化、自然的建筑和室内设计，这也许是因为他们对自己的砖建筑传统以及像伯拉格这样的表现主义建筑师作品的偏爱。但德国早在19世纪90年代已出现了真正现代主义的潮流趋向，产生了艺术理论家，他们的概念迅速传播出去远至美国。1899年，装饰师、诗人鲁道夫·A·施罗德（Rudolf A. schroder）为他的舅舅阿弗雷德·沃特·凡黑米尔在柏林设计了一所别出心裁的房子，从这所房子可以看到甚至在新艺术的高峰时期德国拒绝与过去所有传统风格的联系。这所住房有着惊人的风格化的简洁和统一，使它与当时任何建筑都有着明显的区别，它的简单几何装饰提前几年预示了约瑟夫·霍夫曼（Josef Hoffmann，1870—1956）的某些作品特点。奥地利建筑师阿道夫·卢斯（Adolf Loos，1870—1933）在 1900 年维也纳的斯泰那房屋的设计中，将这种特点转化成更加简洁的风格，实质上与 20 世纪的现代主义毫无区别。室内的现代设计精神已出现在德国空气中，这体现在 1899 年至 1900 年德累斯顿工业艺术展览中展出的一整套由两个起居室、厨房和卧室组成的低成本生产的公寓中。除了英国以外，德国也显示了对简单室内可用现成组合件组合的方式的极大兴趣，在 1909 年，沃尔特·格罗皮乌斯（Walter Gropius，1883—1969）为大生产设计了用标准部件组合小型房屋的方案。

1907 年，由一批有远见的生产商、官员、建筑师、艺术家和作家组成的一个小组，即德国工业同盟（Deutscher Werk-bund），其目的在于鼓励采用良好设计和工艺创造"一个有机整体"。在 19 世纪的德国已感到设计有必要与艺术联合，于是，中世纪精湛的工艺连同大教堂建筑艺术得到了研究。这些研究连同对瓦格纳的作品思想以及对艺术作品的研究，为 1919 年在格罗皮乌斯指导下创立包豪斯铺平了道路。

包豪斯的创立是萨克斯-魏玛大公重新建立魏玛艺术学校的结果，并且直到格罗皮乌斯 1928 年退休，在这期间，一直保持着在所有领域都有远见的设计状态。在最初阶段，格罗皮乌斯表明了"基于和表达一个完整社会和文化之上的一种普通设计风格的欲望"。这点与弗兰克·劳埃德·赖特的理想联系起来，"一件东西代替许多东西；一件大东西代替许多小东西的组合"。"在有机建筑中"，赖特继续写道，"是不可能将建筑与它的修饰分开的"。然而从某些方面来说，将室内看成是室外建筑的延伸的观点普及开来的还是包豪斯；在 1914 年工业同盟获得了全胜的科隆展览会的目录中只有一张室内插图，它是一张展示一间显然是过时的房子的广告。

在工业同盟中不断出现关于室内与强调机器生产联系在一起的思考；尽管包豪斯的纲领是强调在石造物、地毯、金属制品、纺织品、结构技术、空间理论、色彩和设计等等方面的一种平衡教育。当包豪斯 1925 年从魏玛搬到德索（Dessau）时，一代新教师被培养出来，从这年起这个学校的许多我们现在很熟悉的产品开始流通，包括家具、纺织品和金属制品，所有这些改变了室内设计的面貌。

格罗皮乌斯来自建筑师的家庭，在柏林和慕尼黑学习之后，

1907年进入彼特·贝伦斯（Peter Behrens）设计室工作；很重要的一点是现代运动的另两位主要建筑师——密斯·凡德罗和勒·柯布西埃也在彼特·贝伦斯设计室待过一段时间。1914年前，格罗皮乌斯的室内设计是保守的，看不出一点他后来的风格。在《新建筑和包豪斯》（1935）一书中，格罗皮乌斯写道："建筑表达不能拒绝现代结构技术，这种表达要求采用空前的形式，我被这种信念迷惑住了"。虽然格罗皮乌斯在其工业建筑中充分表现了这些形式，钢铁和玻璃结构"灵化"了建筑（赖特语），但他在住宅设计中似乎没有能够采用它。1914年的科隆展览中，展出著名德意志制造联盟展览会办公楼的外部装上玻璃的旋转楼梯，这是格罗皮乌斯充分地使用了钢铁和玻璃的建筑语言设计的。后来（1923）包豪斯校舍建筑完成（图4—2），其

图4—2 包豪斯校舍

"指导教师工作室"展示了早期包豪斯风格，采用单调的墙面，突出的管状灯灯光设置，管状灯通过细铅管用金属丝卷起，墙壁悬挂物由高沙·夏龙-斯托兹（Guntha Sharon-Stolz）设计，采用黄、灰、棕、紫、白色的棉、羊毛和人造纤维织物。在德索他的办公室中出现了相当不同的风格，很少强调单个工艺片断，表面和细节流线化，增加固定家具，使房间有种年代不详的外观，是其他同时代的建筑师喜爱仿效的对象。

在实现建筑的机械化、合理化和标准化方面，格罗皮乌斯要求建筑师面对现实，指出在生产中要以较低的造价和劳动来满足社会需要。机械化是指生产方面，合理化是指设计方面，两者的结果是提高质量，降低造价，从而全面提高居民的社会生活水平。格罗皮乌斯本人于1927年德意志工作联盟在斯图加特展出的住宅新村中，试建了一幢预制装配的住宅。以后，即使是到了美国之后也从未中断过他对预制、装配和标准构件的研究。为了推广标准化，格罗皮乌斯认为标准化并不约束建筑师在设计中的自由，其结果应该是建筑构造上的最多标准化和形式上的最大变化的如意结合。

还应该提一提另一种风格，称为荷兰"风格派"，像包豪斯一样专注于创造有远见的设计，拒绝与过去风格的任何联系。这一荷兰小组的主要成员是格雷特·里特维尔德（1888—1964），他是一位结构主义者，将他的设计基于抽象的矩形形状上，色彩采用基本的红色、黄色和蓝色。"风格派"这一名称取自冠以该名称的杂志，并信仰这些形式和色彩的哲学和灵魂精神特性；著名的"红蓝椅"由里特维尔德于 1917 年设计制作，有着严谨简洁的板块似的坐部和靠背，与 20 世纪 50 年代采用的平坦表面和强烈色彩有着相类似之处。从 1924 年起，里特维尔德在乌德勒克开始了他的建筑杰作设计——施罗德住宅（Schroder House），它的室内与室外实际上是可转换的；墙壁和天花表面没有任何模塑装饰，板块似的整洁，而金属框架窗户以连续的水平线条直通向天花。整体效果是线条整齐利落，但无严厉之感，赖特的室内与室外的完全可转换性理想在这里用最少的方法得到了实现。在施罗德住宅中，里特维尔德不仅预示了包豪斯的思想，而且也预告了后来在美国被称作的国际风格。

　　在考察现代两位最伟大的建筑师，密斯·凡德罗和勒·柯布西埃的室内设计之前，我们有必要首先关注一下一群将国际风格放在显著地位的建筑师。埃里克·门德尔松（Erich Mendelsohn，1887—1953）以他的弯曲立面的特点而著名。1929 年，他在哈韦尔湖东坡的格朗瓦尔德森林里设计了当时最重要的住宅建筑。这所住宅设计的重要性在于各种固定家具的广泛使用，从音乐柜到内置的收音机、电话和留声机。另一有趣的房屋是他在切尔西与塞格·谢马耶夫一起设计的房子，而彼特·贝伦斯在陶奴斯山中他自己的房子里将舒适的简洁发挥到了极致。

在意大利，虽然官方的新古典主义与法西斯主义相结合产生了一些令人惊讶的室内设计，大理石、玻璃砖、精致而漂亮的金属制品和奢华的精美薄板支配了这些室内的风格特征，但国际风格在米兰的格鲁普 7 号的作品中却占了主导地位。国际风格最天才的成员是吉斯普·特拉格尼（Giuseppe Terragni，1904—1942），他在米兰附近塞韦索的比安卡别墅和在科摩附近比安奇别墅的设计都反映出受勒·柯布西埃设计风格的影响。最令人激动的米兰艺术设计家马里奥·法拉韦里（Mario Fara-velli），他将奇异的元素带入他的室内，如在地板和天花上饰以黄道十二宫图案，另一位米兰建筑师和设计师米歇尔·马韦里（Michele Marvelli）在他的一些天花上甚至采用音阶或独立的符号。在第二次世界大战之后，有段时期似乎意大利在建筑和设计中领导着发展方向，出现了像建筑师彼尔·卢吉·奈维（Pier Luigi Nervi，1891—1979）、吉奥·朋蒂（Gio Ponti，1891—1979）等人的作品，然而这段时期很短暂。

英国，几位德国人的到来推动了建筑的发展，这几位德国人包括门德尔松，格罗皮乌斯和马塞尔·布鲁耶尔（Marcel Breuer）。俄国建筑师伯梭德·卢贝金（Berthold Lubetkin）与狄斯·拉斯顿（Denys Lasdun）一起建立了构造小组。其他的人，如雷蒙德·麦克格拉斯（Raymond McGrath）等也对英国的国际风格做出了贡献。"英国可以做"展览由巴兹尔·斯宾塞（Basil Spence）爵士安排在维多利亚和阿尔伯特博物馆举办，1951 年英国喜庆展由休·卡森（Hugh Carson）组织，这两个展览都大大地推动了英国设计，并鼓励战后英国人在装饰和家具的新风格的采用中令他们的住房重放光彩。"空间流通"的室内时髦起来，不是用玻璃制作，而是（以弗兰克·劳埃德·赖特的传统）由低矮的书架或橱柜分隔房间形成，壁炉的烟囱在一边升起，这些固定家具特意为房间的每一尺寸和形状而设计，包豪斯设计师用这样的家具作了试验（如可调节的架子），这种家具后来在每一种现代室内设计中都起到了重要的作用。最好的国际风格室内是一个良好设计的空间，比例比装饰起到了更重要的作用，在这样的空间可以置入任何类型的家具、绘画，或其他没有改变室内空间的本质的物品。这样的简洁是欺骗性的，在一位普通的建筑师的手中会处理得很是平凡；而在一些非常具有天才的建筑师手中却会出现一些前所未有的最优秀的艺术成就。这样的建筑师之一便是路德维格·密斯·凡德罗（Ludwig Mies Van der Rohe，1886—1969）。

密斯·凡德罗把他的创作生命完全倾注在钢和玻璃的建筑中。他在第二次世界大战后的名作，范斯沃斯住宅、湖滨公寓、西格莱姆大厦、伊利诺伊工学院的校园规划与校舍设计以及西柏林的新国家美术馆等，都曾在建筑界中引起很大的反响。它们是当时那股以钢和玻璃来建造的热潮的催化剂，并是"技术的完美"和"形式的纯净"的典范。在理论上，密斯·凡德罗重新强调使"建筑成为我们时代的真正标志"和"少就是多"的基本理念；并进一步直截了当地指出"以结构的不变来应功能的万变"以及"技术实现了它的真正使命，它就升华为建筑艺术"的观点。这些明确地将建筑技术置于功能与艺术之上的观点反复出现在密斯·凡德罗的作品中，也是 20 世纪 50 年代至 60 年代中不少人建筑教育与建筑实践的方针。

密斯常引用的"简洁不是简单"和"少就是多"的名言为他的建筑的辉煌和美丽提供了注脚，在结构和设计上他的建筑也许比 20 世纪其他任何建筑师的建筑更加与其室内融会贯通。同时，使密斯的建筑更具"典型"意义的，是他的作品也具"古典"韵味，采用最好的希腊或罗马建筑特点，并且在不损坏整体的情况下照搬不误。有趣的是，他的早期设计之一（1912 年为克罗尔－莫勒夫人设计的房子）与其周围环境有着密切的联系，有成对柱子的凉廊倒映在水中，甚至古典别墅中的乡村气息按德国新古典主义者的解释像辛克尔的风格，辛克尔的建筑在他 1905 年从故乡搬到柏林后就对年轻的密斯产生了深刻的影响，辛克尔的建筑仍带有浓重的新古典主义色彩。第一次世界大战将所有这些都改变了，曾经只用于工厂或商业建筑上的钢铁或玻璃,现在也开始出现在住宅楼上。密斯加入到了包豪斯的行列之中,并在 1930 年成为领导者,这有助于根除他设计中的所有古典细节痕迹。他在 20 世纪 20 年代期间与利里·雷奇(Lilly Reich)的合作确定了他对功能材料和沉静色彩的热爱;在 1927 年的工业展览上(在斯图加特),他采用了黑色和白色油毯铺地板,蚀刻干净透明灰色玻璃隔断。在为公寓室内建立了基本形状之后,他继续对这些原形加以修改,直到他去世。在底特律的拉法耶特公署的拉法耶特塔,整个墙面除了下面的实体部分以外都用窗子组成,下面的实体部分用来放置加热管道和空调机。

1929 年,密斯在巴塞罗那国际展览上用他的德国馆创造了奢华国际风格室内的原型。在这里,结构和空间定义元素被分开了。在室外和室内空间之间达成了一种完美的综合(图 4—3)。

图 4—3　1928 年巴塞罗那博览会德国馆

巴塞罗那馆（展览上的）没有实际的功能目的，他由墙和排列在一低矮的大理石墩座和墙上的柱子组成……它在分离的垂直面和水平面之间构建流动空间。在这些墙之间，建筑恰似舞台上的慢舞者。简洁设计的一个奇迹，室内完全依靠它们的超常比例和材料的精美——石灰墙、灰玻璃和绿色大理石。支撑屋顶的镀铬钢柱，两个反射池子与灰玻璃相连。唯一的"装饰"艺术品是一件乔治·柯伯的雕塑。馆内有密斯设计的椅子，即著名的"巴塞罗那椅"，人在其后的室内中一直都用这种椅子。巴塞罗那馆的革命性在于用最少的材料和组合部件创造了一种舒适的气氛，所有都在功能设计的范围之内，密斯内部敞开设计的另一范例是1928年至1930年捷克布尔诺的图根哈特住宅，十字形的镀铬柱子，石灰墙和一弯曲的黑色和淡棕色旺加锡乌木隔断。特意设计的家具和丝绸布帘完善了整体设计。

1937年密斯搬到了美国，在美国他创造了20世纪的一些最重要的公共和私人建筑。最漂亮的房子之一是1945年至1950年建造的在伊利诺伊州福克斯河边的范斯沃斯住宅，该建筑尽可能地彻底打破室内与其周围环境的界限（图4—4）。尽管这不是一间能轻易居住的房子，但它在全世界还是有数不尽的模仿者，然而没有一个能与它迷人的自信相匹敌。密斯设计范围并不仅仅局限于钢铁和玻璃结构，在他1950年设计的在伊利诺伊州艾姆赫斯特的麦克科米克住宅中，他采用了单调的砖作为起居室的内墙。将这所房子与弗兰克·劳埃德·赖特在同年设计的房子相比较将是很有趣的，赖特在印第安纳州的南本德丁的莫斯伯格住宅室内是更加的浪漫，水平面上变化丰富，各种形状的天花，暴露的砖墙采用的是一种与密斯的古典主义非常不同的方法。

图 4—4　密斯的范斯沃斯住宅

所谓"以结构的不变来应功能的万变"，其实就是密斯·凡德罗一向主张的简化结构体系、精简结构构件、讲究结构逻辑的表现，产生没有屏障或屏障极少的可供自由划分的通用大空间的。从具体内容来说，它早就是"少就是多"中的一个组成部分了。对此，密斯·凡德罗说："房屋的用途一直在变，但把它拆掉我们负担不起，因此我们把沙利文的口号'形式追随功能'颠倒过来，即建造一个实用和经济的空间，在里面我们配置功能"。于是先空间后功能就名正言顺了。假如说密斯·凡德罗的早期作品虽偏爱技术但尚能注意功能分析的话，他的后期作品则说明，功能对他来说是抽象的，只有技术与对技术的表现才是真实的。密斯·凡德罗自己也说："结构体系是建筑的基本要素，它比工艺，比个人天才，比房屋的功能更能决定建筑的形式。"

在密斯到美国之前，一位奥地利建筑师理查德·诺伊特拉（Richard Neutra，1892—1970）就已经在美国实践了国际风格。他在1927年至1929年设计的"健康和爱之屋"完全打破了赖特的传统。其他将这种风格持续到战后时期的具有国际威望的建筑师包括菲利浦·约翰逊（Philip Johnson）（图4—5）、查尔斯·埃姆斯和埃罗·沙利宁。虽然很明显的是每一"风格"都会给建筑师和设计师强加一定的约束，但国际风格在个人表达上不留空间，除了一些非常优秀的作品之外。在第二次世界大战之后不久就出现了反应，范斯沃斯住宅的主人在《美丽的房屋》一文中将他的房子评价为"圆滑的俗气"。一位评论者描述密斯的作品为"空空如也的优美大厦……与地点、气候隔离，功能或内部活动没有关联"。

图4—5 菲利浦·约翰逊的水晶教堂

活动没有关联"。这为后现代主义强烈自我的表达开辟了道路，特别是在罗伯特·文丘里（Robert Venturi，1925年出生，美国）（图4—6）、阿尔多·罗西（Aldo Rossi，1931年出生，意大利），里卡尔多·波菲尔（Ricardo Bofill，1939年出生，西班牙）和矶崎新（Arata Isozaki，1931 年出生，日本）这样的建筑师的作品中体现出浓烈的后现代主义色彩。在保持国际风格室内的同时，这些建筑师还不断地将意想不到的元素带入他们的作品中，如不规则的窗子的引入。

图 4—6　美国建筑师罗伯特·文丘里母亲住宅

查尔斯·艾德瓦德·吉尼雷特（Charles Edouard Jeaneret，1887—1965）以他的假名勒·柯布西埃（Le Corbusier）著名，他的室内处理，在某些程度上是在普遍的国际风格潮流之外。在他早期的旅游期间，在维也纳遇到了约瑟夫·霍夫曼，在巴黎，与最初实现混凝土建筑意识的建筑师之一奥古斯丁·贝雷特（Auguste Perret，1874—1954）在一起学习。1910 年至1911 年，他在德国，主要与彼得·贝伦斯（Peter Behrens）在一起，在 1911 年出游巴尔干半岛和小亚细亚，以及 1917 年定居巴黎之际他参加了德国工业同盟展览。勒·柯布西埃将这个展览馆说成是"居住的机器"，并在 1914 年的多米诺骨牌式房子的设计中展示了他清楚透明的设计原则。他对建筑设计的主要贡献是在两次战争之间，在 20 世纪 20 年代，他主要设计私人房屋，在 1922 年至 1932 年间他设计的 326 座建筑中有 18座都是住宅建筑。他和密斯正好是对立的，密斯未经过正规训练，他的个性一直到他去世都是高深莫测的，柯布西埃的开放和强有力的个性却是贯穿其室内。他 1922 年在沃克雷森的住宅中，他所有后来的思想都在此出现了萌芽——采用混凝土同大的落地窗户以使更多的阳光射入，开放的内部设计，分隔起居室和餐厅空间的是一个可移动的部分。对勒·柯布西埃来说，窗户是室内和室外的一个过渡部分（图 4—7）。

**图 4—7 勒·柯布西埃在德国斯图加特住宅建筑
展上设计的联排式住宅（1927）**

混凝土给窗户的历史带来了革命。窗户现在能从正面的一边到另一边。窗户是房屋的一种可重复的服务性的元素，对于所有城市房屋，工人房屋和公寓楼……来说，外墙不再是承重墙，可以敞开或封闭，窗户或其他元素随意满足审美的或功能的需要。结构元素也注入进了勒·柯布西埃的室内，像在巴黎附近的加奇斯建筑中，大的柱子贯穿室内，空间的分隔用一种几乎抽象的方法，与传统建筑形状和尺寸概念及互相关系完全不同。勒·柯布西埃将这样的革新用于大规模住宅的建设，将大量公寓楼看做他建筑类型的扩展。结合在改革室内家具设备方面的兴趣（从 1925 年起，与他的外甥皮埃尔·吉纳雷特和查罗特·彼雷安德一起合作），勒·柯布西埃的设计也许比密斯的设计有着更大的直接影响，无论是在美国还是在欧洲。在1929 年巴黎装饰艺术家秋季沙龙上展出的公寓楼中，它们的组合部件产生了一种除一些细节之外几乎全是新颖的设计；所有"现代室内"的元素都在此得到了充分的发展，包括固定的架子和橱柜，层压板表面和隐蔽光源，所有这些都与镀铬钢管家具相连。

勒·柯布西埃是作家、画家、建筑师和城市规划师，在他的一些建筑物尚未建造以前，他对于促进建筑艺术和城市规划新思潮的出现已起到了重要的作用。每隔几年，他就以精确的格言和毫不妥协的态度推出一些设计和工程。在现代建筑上，他的影响最为深远，因此如果不理解勒·柯布西埃的作品，就必然难以理解现代建筑。

《走向新建筑》是勒·柯布西埃著作中最引人注意的一本

书。它出版于 1923 年，至今仍被认为是"现代建筑"的经典著作之一。在书中，勒·柯布西埃系统地提出了革新建筑的见解与方案。全书共七章：（1）工程师的美学与建筑；（2）建筑师的三项注意；（3）法线；（4）视若无睹；（5）建筑；（6）大量生产的住宅；（7）建筑还是革命。

勒·柯布西埃首先称赞工程师由经济法则与数学计算而形成的不自觉的美；反对那些被习惯势力束缚着的建筑样式（指当时在建筑思潮中占主导地位的复古主义、折中主义样式）。他认为建筑师应该注意的是构成建筑自身的平面、墙面和形体，并应在调整它们的相互关系中，创造纯净与美的形式。所谓"法线"就是在创造纯净与美的形式过程中，用来作构图参考用的，是表示构图中各部分的比例或其他关系的准绳，它可能是线条也可能是角度。

然后，勒·柯布西埃提出了革新建筑的方向。他所要革新的主要是居住建筑，但对城市规划也很重视。他认为，社会上普遍存在着的恶劣居住条件，不仅有损健康而且摧残着人们的心灵，并提出革新建筑首先要向先进的科学技术和现代工业产品——海轮、飞机与汽车看齐。他认为："机器的意义不在于它所创造出来的形式……而在于它那主导的、使要求得到表达和被成功地体现出来的逻辑……我们从飞机上看到的不是一只鸟或一只蜻蜓，而是会飞的机器。"于是，勒·柯布西埃提出了他的惊人论点——房子是居住的机器。

对于房子是居住的机器这一观点，勒·柯布西埃的解释是：住宅不仅应像机器适应生产那样地适应居住要求，还要像生产飞机与汽车等机器那样能够大量生产，由于它的形象真实地表现了它的生产效能，是美的，住宅也应该如此。能满足居住要求的、卫生的居住环境，有促进身体健康、"洁净精神"的作用，这也就为建筑的美奠定了基础。因而这句话既包含了住宅的功能要求，也包含了住宅的生产与美学要求。

在书中有一节称为"住宅的便览"。他在这一节中明确地提出了住宅设计的具体要求：要有一个大小如过去的起居室那样和朝南的浴室，以供日光浴与健身活动之用；要有一个大的起居室而不是几个小的，房间的墙面应该光洁，尽可能设置壁橱来代替重型的家具；厨房建于顶层，可隔绝油烟味；采用分散的灯光，使用吸尘器，要有大片玻璃窗。"只有充满阳光和空气，而且墙面与地板都是光洁的住宅才是合格的"。选择比一般习惯略为小些的房屋，并且永远在思想和实际行动中注意住宅在日常使用中的经济与方便等等。

勒·柯布西埃关于城市的"居住单位"的设想直到二十多年后才得以实现。这就是马赛公寓（1947—1952）。当时法国由于第二次世界大战的破坏，正热衷于重建它的城市。马赛公寓，正如勒·柯布西埃早在他的城市规划理论中所说过的，不仅是一座居住建筑，而是像一个居住小区那样，独立与集中地包括有各种生活与福利设施的城市基本单位。它位于马赛港口附近，东西长 165m，进深 24m，高 56m，共有 17 层（不包括地面层与屋顶花园层）。其中第七、八层为商店，其余 15 层均为居住用。它有 23 种不同类型的居住单元，可供从未婚到拥有 8 个孩子的家庭，共 337 户使用。它在布局上的特点是每三层作一组，只有中间一层有走廊，这样 15 个居住层中只有 5 条走廊，节约了交通面积。室内层高 2.4m，各居住单元占两层，内有小楼梯。起居室两层高，前有一绿化廊，其他房间均为一层高。第七、八层的服务区有食品店、蔬菜市场、药房、理发店、邮局、酒吧、银行等。第十七层有幼儿园、托儿所，并有一条坡道引到上面的屋顶花园。屋顶花园有室内运动场、茶室、日光室和一条 300m 的跑道（图 4—8）。

图 4—8　马赛公寓

在两次世界大战之间，勒·柯布西埃自称为"功能主义"

者。所谓"功能主义"，人们常以包豪斯学派的中坚德国建筑师 B. 托特的一句话："实用性成为美学的真正内容"作为解释。而勒·柯布西埃所提倡的要摒弃个人情感、讲究建筑形式美的"住房是居住的机器"，恰好就是这样的。勒·柯布西埃还认为建筑形象必须是新的，必须具有时代性，必须同历史上的风格迥然不同。他说："因为我们自己的时代日复一日地决定着自己的样式"。他在两次世界大战之间的主要风格就是具有"纯净形式"的"功能主义"的"新建筑"。这种试图运用新技术来满足新功能和创造新形式的"新建筑"，后来同以格罗皮乌斯和密斯·凡德罗所提倡的"新建筑"，再加上以赖特为代表的"有机建筑"，被统称为"现代建筑"。

现代主义似乎在第一次世界大战之后不久就大获全胜，结果是任何其他的与它的生机勃勃的需求不符合的风格都一般被看做落后的，与现代主义同时诞生和发展的还有装饰艺术风格，它的发展与勒·柯布西埃在 20 世纪 20 年代的住宅建筑中与"风格派"彻底决裂的时间是相同的。

第一次世界大战对于决定法国建筑和装饰的发展方向是极其重要的。尽管有了新艺术和后来的贝雷特和加尼尔的现代主义，但在 20 世纪的最初 20 年里许多法国室内设计中还喜欢用衰落的"路易十六"风格。这一风格包含了帝政时期的元素——一种继续支配了传统法国室内装饰作品的混合风格。在法国与这种趣味相联系的是画家保罗·赫尔勒（Paul Helleu），像他的同行一样，赫尔勒将他画的对象置于这样豪华的背景中从而唤起了主人的财富和时尚感。普罗斯特（Proust）的画中人物也是含蓄地置入这样的环境中，而不是在赤裸裸的现代主义室内，从而营造出一种现代的但又是永恒的优雅的氛围。如果大战永远地解散了喜爱"豪华趣味"的社会，那么20年代就急需一种新的能承载被战争夺走的奢华内涵的风格；结果便是装饰艺术的诞生。

装饰艺术可以说是20世纪的法国，它是新古典主义的最后一个产儿。尽管它避开了新艺术，但它的直接前辈却是维也纳分离派和慕尼黑的斯塔克别墅，斯塔克别墅很明显是取自古典原形。不同的是，室内装饰艺术比任何新艺术运动的室内设计更多地将单个元素组合起来——家具、纺织品、陶瓷、玻璃和金属制品。与20世纪的"别致"相适应，还重现了早期题材的其他复杂细节。令人惊奇的是，一些发展得最好的装饰艺术室内在剥去它的内容时，仍是一个与这个世界早期的普通的新古典主义毫无区别的框架。

法国20世纪20年代设计的最高峰是1925年在巴黎举办的装饰和工业艺术展览。出于1915年展览构思的当代所有主要潮流的组合，包括了许多令人耳目一新的展馆，这些展馆的设计极其新潮；从这些设计的照片中我们可以经常获得比实物

更具象的装饰艺术室内设计的印象。杰克-伊麦尔·卢赫曼
(Jacques-Emile Ruhlmann，1879—1933) 是展览会中最突出的
设计家。像大多数以装饰师著称的同行们一样，他基本上是一
位家具设计师。卢赫曼的技艺可与 18 世纪的伟大家具师如雷
森纳和罗特根相比，并且与他们一样共享奢华材料的趣味。在
这些材料中有龟甲壳、象牙、矿石、鲨革和蜥蜴皮，这些非同
寻常的用料暗示了他的作品探寻自然的特点。

卢赫曼在展览中展出的作品反映了他杰出的思想，这些思
想当他不受规模或其他障碍影响时得到了最好的实现。它的客
厅大且圆，一个巨大的水晶树枝形装饰灯占主导地位，灯的形
状与墙上的类似的水晶喷泉似的层叠相呼应；墙面上覆盖着重
复图案的丝绸，图案为风格化的花瓶，在砖结构的壁炉上方
（对现代主义的一个让步?）悬挂了琼·杜巴斯（Jean Dupas）
的装饰嵌板画《雌鹦鹉》。

像卢赫曼一样，安德尔·格鲁特（Andre Groult，1884—
1967）成为 20 世纪 20 年代最受欢迎的装饰师之一。他将 18
世纪家具放入简洁的路易十六室内中，再加上大胆的当代特
点，如查尔斯·马丁的壁画嵌板（蓝色、粉色和灰色为主色
调），拉布尔和马里·劳伦西的墙纸——他们的绘画"在音乐
结束的地方开始"为时髦的设计家所热爱。在装饰艺术中相当
重要的是精致的铁饰品，特别是爱德加·布朗特（Edgar

Brandt）的铁饰品，他将铸铁与青铜结合，采用广泛的题材，如图案化的鸟、云彩、光线、喷泉和受 20 年代设计家喜爱的抽象花束。在法国的其他重要的铁艺工中有雷蒙德·苏贝斯（Raymond Subes）、保罗·凯斯（Paul kiss）、加布里尔·拉克罗瓦克斯（Gabriel Lacroix）、琼·杜那德（Jean Dunand，1877—1942）。杜那德既是铁艺工又是漆工，他为 1925 年展览设计了一个吸烟室，用红和镀银漆饰嵌板，天花饰以银叶，红漆修饰（不同深度的薄片式），光线落在高度抛光的黑色家具和一月白色的地毯上。英国设计家艾琳·格雷（Eileen Gray，1878—1977）定居巴黎，被认为是 20 世纪 20 年代漆饰狂热的始作俑者，她对深色和大而简洁形式的趣味预示了这个年代后期的国际风格的元素。她与琼·巴多维西（Jean Badovici）一起从事室内装饰。另一位法国著名的设计家是阿曼德·拉淘（Armand Rateau，1882—1938），他 1926 年为阿尔巴公爵夫人设计的马德里宫中的有穹顶的浴室，在黑白大理石地面中有一个单块白大理石凹陷沐浴区，漆金色的墙面上置入了繁华植物图案和各种动物形象。

装饰艺术在法国不失时机地悄悄混入现代主义中，部分是受立体主义影响所致，立体主义对室内装饰设计起了相当重要的作用。勒·柯布西埃和吉耐里特、普雷安德的当代思想得到了普及并对装饰艺术的华丽培植了反对面。许多装饰室内都将其效果主要依靠非常简单的构成形式上，在这种形式下才能反衬出豪华的装饰，正是这些简单的线条轮廓开始支配 20 世纪 20 年代末的室内。在这方面的最重要的设计师之一是让·米歇尔·弗朗克（Jean Michel Franc），他采用弱色、技巧性的对比质地和非常简单的家具。他的自然色彩的丝绸窗帘简单地从天花垂挂到地面上，他经常用羊皮纸或未染色的皮革覆盖墙面，并用隐藏的光源来进一步柔化室内光线效果。罗伯特·马里特·斯特文（Robert Mallet Stevns，1886—1945）和皮埃尔·查罗（Pierree Chareau，1883—1950）也以他们不同的豪华现代主义获得了成功，后者"将新鲜和谐的品蓝和灰色，柠檬黄和灰色或珍珠，玫瑰红和蓝色调来替代失去光泽的和满是灰尘感的色调……"以玻璃制品著称的荷标·拉里克在 1925 年的巴黎展览会上为"塞夫勒国家工厂的展馆"创造了一个餐厅，米色大理石墙上嵌入银或白色合成物，一种意大利式的有玻璃木绗条和镶板的天花隐蔽了光源。现代主义室内设计的类型数不胜数，这种风格在美国受到了最大程度的欢迎，在那里，约翰·威尔邦·卢特（John Wellborn Root）和拉尔夫·沃尔克（Ralph Walker）这样的设计师将欧洲的设计思想转成美国的方式。

20 世纪早期出现了有别于建筑师的室内设计师，许多社会妇女们投入到装饰行业中。在英国，有西瑞·毛姆（Syrie

Maugham，她在切尔西的由白墙和盐渍打蜡镶嵌板组成的白宫建立了一个时尚)，可勒法克斯女士，曼尼夫人；在美国，埃尔西·德·沃尔夫（Elsie de Wolfe）率领了马里安·霍尔、艾尔西·柯柏·韦尔森和罗斯卡米等人进入装饰界。第二次世界大战延缓了他们以及建筑师、设计师的活动，并突然中断了自20世纪20年代以来持续的室内装饰的繁荣状态。

在战后的灰暗阶段，英国的墙纸首先获得了复兴，因为它为光线晦暗的室内提供了一种廉价的装饰方法，1950年《小居室的墙纸》一书出版了。大部分50年代的墙纸都试图在条状、点子图案或星图案上作不同的变化，但到了这个年代中期，一种新的色彩和大胆图案设计出现了。1951年，约翰·莱尼（John Line）受路西安娜·戴、约翰·米顿和杰奎琳·格罗格的委托，出版了有影响的手工印制墙纸集《有限的版本，1951》，它设立了新的装饰标准。它也许是第一本英国丝网印刷专集。在20世纪60年代期间，墙纸开始在室内装饰中起到了一个更加重要的作用。技术的发展产生了新产品，包括中国玻璃纸、各种织物（粗麻布是一种受人喜爱的品种），从有波纹的缎子到丝绸、大理石、木材、砖和石头。设计师的重要性，通过阿瑟·萨德森父子公司决定发起一个特别的，包括吉奥·旁蒂（Gio Ponti）的"月食"和弗兰克·劳埃德·赖特的"设计706"在内的墙纸和织物专集来庆祝他们的百年纪念而得到了证明。英国化学工业在60年代不断地涉足设计，这通过他们在1962年发明的平装乙烯基墙覆盖物的先锋行为表示出来，可水洗和抗蒸汽的墙纸不久就迅速改变了浴室或厨房的外观，以至改变和扩大了浴室的功能。用约翰·普里兹曼的话来说："（浴室）是一个可以放松、思考、听音乐、看画、阅读、做梦、饮酒、吃葡萄、锻炼和唱歌的空间。"

英国"多姿多彩的60年代"的结束将一种强烈的怀旧元素带入了室内设计界年轻设计师的思维，与20世纪30年代和40年代电影的复兴趣味一起，威廉·莫里斯，新艺术和装饰艺术与维多利亚女王时代一起被"重新发现"。萨德森再次成为从这些历史阶段中复兴墙纸的推动力量。与这些复兴相并列的是对自然材料重生的兴趣，如松木，与软木或像贴于纸上的黄麻这样的织物一起便宜得足以覆盖整面墙。

设计的所有方面都受到了为英国节日而举办的1951年展览的刺激。这给予许多设计师必要的信心在以后的年代中来打破战后的朴素节俭，并以一种比战前更有效的方法使现代主义成为日常生活的部分。20世纪50年代出现了许多基本变化，这些都是形成下两个年代的室内装饰和家具设计的基础。几乎社会每个阶层的每个人都接受了不仅居住在较小的房屋而且也是更加局促空间的现实，结果在这个世纪的30年代中节省空间的现代建筑前卫思想现作为一种需要慢慢传播开去，用于居住、饮食、娱乐和学习的多功能房屋得到普及，而厨房的地位无限制地上升，尽管它仍然远远落后于美国的发展。

为更多的人建造更实用的、更漂亮的房子的概念在"理想家居展览"中明确下来，这些展览的重点在于"你自己做"（Do it yourself）这一思想。例如，在 1956 年展览中，"未来居家"有着像汽车似的大生产化形式。在英国，新野兽派与詹姆斯·斯特林（James Stir-ling）、詹姆士·戈温（James Gowan）和阿里森（Alison）、彼特·史密森（Peter Smithson）联系在一起，彼特·史密森设计了"未来居室"。这是伟大的"怎样做"的时代，在 G. 卢塞尔（G. Russel）和 A. 詹密斯（A. Jamis）的 1953 年著的《怎样布置你的房子》中，他们向读者建议道：

> 在一间房里不要有太多的色彩，
>
> 在一间房里不要有太多的明亮色彩，
>
> 在一间房里不要有太多的单色，
>
> 在一间房里不要有太多的图案，
>
> 在一间房里不要有太多的不同图案。

这一建议也许有点不成熟，因为色调受战后染色材料和树脂的局限。只在 50 年代末，油乳剂才替代水胶涂料用于房子油漆，但这并未阻止 50 年代早期室内的可叹惜的但又极富特点的一面平墙由三面或更多的有图案的墙映衬。从60年代起，"微型马赛克"很是流行，通常是蓝色。"怎样做"方法形成了提高装饰水平的捷径，在这时期的许多杂志中以启蒙主义方式出现。在鼓吹这一方法的同时，也力图将大众的注意力吸引到当代的最好设计师的作品上，如约翰·弗勒（John Fouler）、大卫·希克斯（David Hicks）、安索尼·丹尼（Anthony Denny）、费里克斯·哈伯德（Felix Harbord）和约翰·巴伦伯格。他们的名字在时髦的装饰圈中广为流传。约翰·弗勒以他仔细研究织物和色调而著称，并被召进许多重要的乡村住宅中从事复兴或重新设计的工作，正是他设立了一个复兴室内每一细节的准确标准。大卫·希克斯在另一方面以他大胆地将旧的和新的家具和物品混合，并常常伴有色调惊人的并置而闻名。在他1966年的《大卫·希克斯论装饰》一书中，他称室内装饰为"以最小获得最大的艺术"。"好的阶段和现代室内有一样共同的东西"那就是"风格"。确实，正是对风格的寻求支配了大多数20世纪设计师关于住宅室内的方法。它被《国际室内建筑摘要》的主编朦胧地定义为"真正是一种创造性地在这个世界观察和居住的方法"。

在20世纪30年代，装饰师和设计师在看待他们的专业方法上发生了迅速的变化。以前，他们满足于同预先备好的建筑外壳打交道，但新的技术和材料使他们意识到在结构上要与装

饰一样考虑得多点。在 20 世纪主要建筑师作品中的建筑与室
内空间的内在联系引导装饰师们重新审视他们在视觉艺术中的
准确角色。技术知识对他们来说变得和审美评判一样重要，两
次战争之间的装饰师如西比尔·科尔法克斯（Sybil Colefax）、
埃尔塞·德·沃尔夫（Elsie de Wolfe）和鲁比·罗斯·伍德
（Ruby Ross Wood）向非职业性行为挑战。

第二次世界大战以来，室内设计已成为一种主要职业，在
它发展的最高阶段，它同其他任何有关用最好的工艺和材料来
迎合顾客需要的生意一样有着同样的组织。而将一个人的住宅
委托给设计师设计的思想却常被怀疑，仿佛它是 20 世纪的一
个新鲜事，实际上，它植根于过去设计的所有方面：主要区别
在于当代设计师们已经准备好并且能够去创造室内的每一部
分。这是如此多的现代室内设计的一个折中主义来源，可以毫
无顾忌地将许多不同时期的元素放在一起，创造一种与 19 世
纪复古主义毫无瓜葛的风格。19 世纪或 20 世纪早期的有远见
的设计家也许对这种行为很恐惧，认为是无方向，无根本的
行为。

很难从战后阶段挑选出一群有代表性、其作品能清楚反映
最近成就的设计家，但有些名字却是杰出的，被全球知晓。亨
利·帕里西二世夫人（Mrs Henry Panish Ⅱ）和她的搭档阿伯
特·哈利（Albert Harlley）提出：在所有其他项目之前规划家

具布局，这已被许多其他设计家所接受，这些设计家像他们一样将色彩和织物的采用作为下一步的重点。像今天的大多数主要室内设计师，他们涉及的范围极其广泛，从乡村风格的印花棉布到令人炫目的充满色彩、充斥绘画、物品和家具的室内。无论如何，他们将家具作为室内风貌关键的趣味是独一无二的。在同样的古典传统中，获得国际声望的是麦克米伦有限公司，建于1924年，由艾里诺·麦克米伦·布朗（Eleanor Mc-millen Brown）开创，许多主要的美国设计师也纷纷加盟。麦克米伦有限公司现在由6位设计师、一位董事长和两位副董事长组成，并且像美国的任何一家为许多顾客提供高水平的室内设计的企业一样操作。他们的特点是保证不带任何侵犯性，这就成功地为室内设计创造了正确的氛围，无论他们设计的建筑是现代的还是传统的，其风格沉静华丽的特点被其他顶尖级的美国设计师所共享，如马里奥·博塔他受帕拉蒂奥的室内空间影响），以及乔治那·非荷姆（他在美国继续发扬约翰·弗勒的传统近一个年代）。在英国汤姆·帕尔（Tom Parr）和安·里伯（Ian Lieber）的风格中可以找到对应物。他们对当代室内做出的特殊贡献是从传统的题材和方法中创造了多样性，在室内设计中保存了过去最精华部分并与现代细节结合起来。有些设计家不喜欢被贴上传统主义的标签：马里奥·博塔说："我想以传统方法为生活在20世纪80年代的人们装饰。我的工作是实际而现实的，相对于我们今天生活方式来说，它是一种对过去的研究。"

植根于传统风格基础上的室内也许各不相同，但其基本组成大部分是相同的。将它们归为"趣味化"似乎有贬低之义，但除了间或追求想象力之外，这些室内的元素一般是按照完全整体的要求来选定的。墙壁一般涂以淡色调，如乳白色、淡绿、灰、浅咖啡或米色，并时常有突出的白色嵌板。这与仍大受欢迎的华丽色彩的印花棉布窗帘形成对比；方格地板或是淡色单调的固定地板作为东方地毯的绝佳背景。无论是否实用，一种雕刻大理石或木制壁炉经常是中心设计，上面和过去一样有绘画，或镜子装饰物。对于窗帘，后面的束带是常用的，各种深度的帷幔到处可见。"花彩装饰"窗帘又获得了19世纪时的殊荣。

除非主人对绘画有着特殊的兴趣，一般设计师采用要求不高的装饰性的图画：18世纪和19世纪的肖像画、静物画和风景画唱主角。特别在意大利和法国，对主题绘画的传统热爱和理解常常是一个突出的因素，而在盎格鲁-萨克森国家，除了在旧集子里能找到以外，在其他任何地方都很难找到宗教或神秘题材的绘画。这点迅速地改变了绘画在室内所产生的重要性作用，因为一幅中立色彩的绘画基本上只是一种装饰。

　　这阶段可接受的家具是最著名的法国18世纪家具，特别是路易十五时期的安乐椅和长沙发椅，或者这些家具的模仿品。这个时期和法国帝政时期或英国摄政王时期的家具给设计师们提供了选择的可能，相对巴洛克时期或更早期的家具来说，因为它们更具有相对的简洁和适用性。设计师如希克斯（Hicks）生产这些家具的简化版本，表明了它在市场的份额。在某种室内，无视它的现代性，一张路易十五的梳妆台或带抽屉的小柜总是被保留着，和每个时期高水平的物品可以毫无抵触地共存。这一方法的延伸是在一个小心翼翼保存的旧室内采用令人震撼的现代家具：艾里格·杰可伯森特别擅长于此，许多当代意大利设计师也擅长于此。意大利保护建筑遗产的法律导致许多意大利设计师将他们的超现代意识与现存的建筑外壳相符合，取得了在其他地方很难达到的惊人美丽的建筑细节与生动的现代家具和光源之间相平衡的成就。

　　意大利的设计师，如卡拉·韦诺斯塔（Carla Venosta）或高·奥伦蒂（Gao Aulenti）特别擅长于采用惊人的现代特点，如用连续固定的地毡毛毯来区别地面的水平面，以解决从一个区域到另一个区域的转变（这原来是美国的一个发明），在非常老的建筑里，这些建筑有着明显的古建筑特点，如拱顶或开放式的凉廊都需要机智的处理。在部分意大利城市的中心，整体上是由中世纪或文艺复兴、巴洛克建筑组成，完全现代的建筑和室内很少在一起出现，例外的是乡村或海边别墅。有些意大利设计师，如斯特法诺·曼托·瓦尼（Stefano Manto Vani）能够在较小的不太沉重的室内沿用意大利大宫殿里的豪华方法；强烈红色的意大利巴洛克丝绸缎反衬在相似色彩的彩绘墙上；大幅镀金框架油画同彩色大理石、深色青铜和深色调的家具一起创造自己的氛围。

与这些在不同程度上采用传统主义的设计家不同的是那些与历史风格毫无关联，并在尽可能现代的建筑和设计理念上创造室内的设计家。在最大限度上，他们不可避免是这个世纪上半期主要革新的追随者，著名的有勒·柯布西埃和密斯·凡德罗：他们作品中的个性元素是对传统的修正。在这个基础上，单纯的形式由玻璃和光源来完成。在战后阶段的直接或间接光源上的许多创新，对这样的室内产生了巨大的影响。对于这样的设计师来说，结构和空间显得尤为重要，他们与当代工业设计之间的联系显然是很强的。在美国，自从欧洲的避难者种下了某些现代主义的种子之后，它就成了全身心准备采纳现代室内设计观念的大陆，从得克萨斯（如在比夫利·杰柯米尼、理查德·霍利的作品中）到特别的纽约风格（伊尔·伯恩·科姆斯 Earl Burns Combs，或让·蒙托雅 Jean Montoya 的风格）。大多数设计师的显著特点之一是他们避免表面图案，而不像他们的传统主义同僚们故意寻求表面图案来创造效果。

在今天，许多办公室或博物馆这些非住宅的室内设计都遵循功能化、最大限度使用空间和采光的原则。在这些空间中，精细地展示个人艺术作品也许比那些传统室内起着更重要的作用；密斯的"巴塞罗那馆"为小心地放置雕塑，用豪华材料做衬托背景；与此相似，现代博物馆倾向于分隔各个展区以避免拥挤。同办公室内一样，住宅室内也寻求使用成品化的建入式的储藏和工作家具，这些产品现在成了连锁店的主要商品，如英国的"家居"店。结果室内装饰的整体水平得到了极大的提高。

在20世纪转折之机，产生了一种在概念上是国际性的建筑艺术，但在不同的国度里，明显地表现出个性和差异，这也是建筑师有幸在他们的作品上表现其个性的最后一次机会。在第一次世界大战的劫难之后，欧洲、美洲及东方进入了"国际主义"新阶段，此时的国际主义并非强调多样性，而是更多强调千篇一律，具体表现为"国际风格"。

不论在欧洲还是美洲，功能主义建筑都适应了工业文明社会机械化的要求。因此，他们高举实用的大旗，也就是与建筑物的实用功能和所采用的技术相一致的旗号，提出了"为普通人建造的住宅"这样的口号，这种住宅是标准化和无个性特征的。在美国，以赖特为代表是有机建筑论，在欧洲以奥托和瑞典的一些建筑师以及一些年轻的意大利建筑师为代表，则力求满足更为复杂的需求和功能，不但在技术上和实用上是功能主义的，而且在人类心理方面，也要予以考虑。它继功能主义之后，提出了建筑和设计的人性化的任务。

人们经常提到的功能主义者的公式："居住的机器"，他反映了将科学朴素而机械地理解为一种固定的、可作逻辑论证的、在数学上无可置疑的不变的真理。这是对科学的陈旧理解。在现代，已经被相对的、灵活的、更有表现力的概念所取代了。如果说功能主义者从事于解决劳动群众的城市规划问题，为最低限度住宅，为建筑标准化和工业化进行了英勇的斗争，换句话说即功能主义者集中解决数量的问题，那么，有机建筑则看到人类是有尊严、有个性、有精神意图的，也认识到建筑既有数量问题也有质量问题。

有机的空间充满着动感、方位的诱导性和透视感、生动和明朗的创造。它的动感是有创造性的，因为其目的不在于追求炫目的视觉效果，而是寻求表现人们生活在其中的活动本身。有机建筑运动不仅仅是一种时尚，而是寻求创造一种不但本身美观而且能表现居住在其中的人们有机的活动方式的空间。

现代建筑的艺术理想是与它的社会环境分不开的。一片弯曲的墙面已经不再是纯粹某种幻想的产物，而是为了更加适应一种运动，适应人的一条行进路线。有机建筑所获得的装饰效果，产生于不同材料的邻接，新的色彩效果与功能主义的冰冷严峻形成鲜明的对比，新颖、活泼的效果，是由更深藏的心理要求所决定的。人类活动和生活的多样性、物质和心理活动方面的需求、他的精神状态，总之，这个完整的人，肉体和精神结合为活的整体的人，正是后来的现代艺术之后和后现代主义及其他主义的源头。

有一个主要问题有待发问：什么是 20 世纪后期室内的主要风格，如果这样的风格存在的话？如果不存在，那么这是装饰史上第一个风格不能确定的时期。这个时期如同装饰师的室内一样富有可喜的个性化色彩，连同他们的折中主义，他们的高难度复杂性和他们的高度自我意识，似乎他们是代表了一个传统的结束而不是公认的向前进了一步。我们对于过去空间的意识，我们能够用惊人的设备发现，艺术在几乎任何方面的事实使得折中主义无可避免。如果需要选择一种特殊风格最好地代表现代的成就，那么毫无疑问高技术和采用预制件的内部建筑结构会成为 20 世纪后期最有代表性的风格。在 20 世纪早期，追求舒适、时尚和整合性就已成为室内设计的主旋律。

如果现代主义运动的基调是确定性，那么今天的基调是自由主义；很清楚，在 20 世纪的最后的年代中出现了各种类型的发展。对所有方面设计重要性的日益重视其功效之一是它扩展了选择的空间，而这点似乎是对未来发展的最健康的一点。

第四节　多元发展——后现代主义的
建筑与环境艺术设计

　　第一次世界大战前后，新建筑在宣布其主张时，毫无疑问已经形成了新的机器审美态度，和更加透彻、成熟的社会觉悟与民主政治思想，在 20 世纪那些激荡人心的日子里，伴随着"相对论"的发表，立体主义的兴盛以及《资本论》的出版，建筑师们呐喊："建筑还是革命"，表达了他们对建筑及社会现状的看法。现代建筑的各种流派，如理性主义、功能主义等以至后期的粗野主义和高技派无不以社会意识和机器审美观作为两个根本。从 19 世纪上半叶工业化开始，用制造和生产的方式来解决一切问题成了时代的信条，希望能通过工业生产，达到理想化的境地。然而随着人们生产的产品同时制造出来的是污染，交通的拥挤，生态的破坏，核战争的威胁以及众多的社会问题，希望破灭了，我们在借着系统工程、技术和我们的领导人向目标迈进的时候失足了。由于那些普遍流行的过分简单的方法而造成的后果，在世界各地出现了。

　　最近二三十年突出的变化是，建筑师和评论家这两部分人都对"现代建筑运动"丧失了信心。这类评论家主要出现在 20 世纪 60 年代，不仅仅在英、美，而且遍布全世界。在人们心目中，其威望急剧下降的建筑有两类：作为现代建筑运动主体和现代城市特征的大量的住宅和办公大楼。这场现代建筑运动的规模早已超出居住范围，伸向社会民主政治和追求城市中心的商业效益，它似乎是突然闯进城市的一个怪物。那些 60 年代曾把建筑师捧为社会救世主的批评家们现在则认为，实际上正是这些建筑师毁灭了城市，他们过于藐视人的需求。20 世纪 70 年代和 80 年代出现了几种向现代主义挑战的流派。既然室内设计是一个不断发展的领域，甚至是竞争的领域，因此在竞争中出现几种不同的发展方向以求掌握未来的设计，并且由此产生相互抵触和混乱也就不足为奇了。这并不像一些人用"后现代主义"来主观、简单地描述现代主义之外的一切设计发展那样，后现代主义只是众多有着显著差异的不同发展方向中的一种。但无论选用什么样的名称来描述，人们都可以清楚地认出和辨别三种不同的方向，它们可以涵盖令人眼花缭乱、纷繁众多的各种主义。它们分别是晚期现代主义、高技术主义、后现代主义。

一　晚期现代主义

晚期现代主义（Late Modernism）是诸多发展方向中最为保守的流派，该流派的设计牢固地建立在现代主义的基础之上，自始至终地坚持现代主义的设计原则，避免使用任何历史装饰。

这样孜孜以求、不断探索的建筑师很多，譬如：路易·康保（费城理查德医学实验室）、保罗·鲁道夫（Paul Rudolph）（耶鲁大学艺术与建筑馆）、理查德·迈耶（美国亚特兰大海氏美术馆）等，贝聿铭就是其中的佼佼者。他们发展新的形式，创造出新的设计观念和设计手法，他们始终如一地坚持现代主义的宗旨，但是现代主义在他们的手中有了不同的诠释，极大地丰富了现代主义的创作。

华盛顿美国国家美术馆原建的新古典主义的西馆由建筑师辛克尔完成于1941年（图4—9），由于收藏越来越多，特别是现代艺术品越来越多，因此展览空间越来越局促，国家计划投资兴建美术馆东馆，地点在面对美国国会的一块顶端为锐角的三角形狭长地带。这个项目具有很大的挑战性，它必须与新古典主义的西馆配合，又必须与新古典主义和折中主义风格的国

图4—9 华盛顿美术馆西馆

会建筑协调，必须与整个广场中的各种类型的、建于不同时期的建筑具有协调关系，它还不得不符合那条非常不适应任何建筑的三角形狭长地带。贝聿铭先生充分考虑了这些因素，东馆包括两个部分：一个等腰三角形的展览空间，一个直角三角形的研究中心。外墙使用与西馆相同的大理石材料，甚至与广场中间的华盛顿纪念碑保持关系，为了进一步协调与近在咫尺的旧馆的关系，他在新馆的设计上采用了同样的檐口高度，在内部他采用了大天窗顶棚，三角形的符号反复在各个地方运用，强调建筑形式的特征。展览大厅内有许多面积大小不一、空间高度变化不同的展室。这些展室由形状各异的台阶、电梯、坡道和天桥连接。明媚的阳光可以从不同的角度倾泻而下，在展厅的墙壁和

图 4—10　华盛顿美术馆东馆中庭

地面上形成丰富多变、美丽动人的图案。大厅上空装有轻若鸿毛的金属活动雕塑，随风摆动，凌空翱翔，形成轻快活泼、热情奔放的气氛，具有强烈的现代主义特色（图 4—10）。

在当代所有的公共建筑物中，最为壮观然而在某些方面最不能令人满意的要算悉尼歌剧院了。它是年轻的丹麦建筑师杰

恩·伍重设计的。澳大利亚为筹建悉尼歌剧院于 1956 年向全世界征求设计方案，参加的有来自 30 个国家的 223 件图纸，只是由于评选人不照常规，反复审议，终于使本来被否定的丹麦年轻建筑师伍重方案再反过来提为头奖。伍重获得方案竞赛的头奖后于 1959 年开始设计，最后由霍尔（Hall）、利特摩尔（Littlemore）和托德（Todd）于 1973 年完成工程，耗时 17 年，造价结算合 5 000 万英镑，超出原预算 14 倍多。伍重的草图，显示出最丰富的想象力和表现力，在蔚为壮观的防潮堤上，钢筋混凝土制成的贝壳体伸向悉尼港。实际上它们不是壳体，要建造如此巨大尺度的壳体，在结构上是不可能的，它们是由表面镶上陶瓷砖的预制钢筋混凝土铉肋组成的。在贝壳体的下面，或是在花岗石矮围墙里面，布置着音乐厅、歌剧院、剧院、电影院和餐厅。大厅供交响乐团或演歌剧使用，容 2 800 席位；小厅是话剧或芭蕾舞演出场，容 1 500 席位，舞台和入口位置不对，场内座位因为布置更多席位而太过拥挤。此外，剧院内还有展览、电影、录音、酒吧等功能，确实做到功能多用化，但都难以发挥各自特长。因此，最后设计的内部功能和外表很不相称。建筑的位置也是奇巧的，立于悉尼港入口处的防潮堤上，四面八方，眺望无阻。作为第五立面的 10 只壳顶，成了最吸引人的历久不朽的雕塑性建筑，并以其独特的面貌，为港内另辟崭新的环境。悉尼歌剧院是在不平常的条件下产生的，用不平常的入场路线和不平常的壳型屋顶，造成施工困难，终于用极不平常的做法完成。然而，悉尼歌剧院依然是 20 世纪以来最生动、最激动人心的建筑艺术形象。它再次证明了建筑艺术可以成为伟大的宣言，为人们带来新奇的景观（图 4—11）。

图 4—11　悉尼歌剧院

有关悉尼歌剧院的一般评论，毁誉参半。反面意见如工期拖延，造价屡增，而最突出的抨击则集中在壳体屋顶，认为造型是异想天开，玩弄技巧，外壳与厅内无合理联系，失去功能含义，甚至讽刺为搁浅的鲸鱼、橘皮的裂瓣。但总的来说，这个设计如果不是极端荒唐，就是非凡杰作，伟大的创新是不能用一般标准衡量的。如着眼于艺术与科技论争，这个方案设计可作为最完美的造型与最合理的结构背道而驰的典型。悉尼歌剧院更重要的是在于其精神价值，就像铁塔象征着巴黎，悉尼歌剧院将作为悉尼的突出标志而存在下去。

如果说国际风格的特点是统一、千篇一律和简洁，那么后现代主义似乎是趋向于复杂和趣味，追求所谓的唤起历史的回忆（实际并非是准确的历史含义）和地方事件的来龙去脉。它发掘出建筑上的方言，欲使建筑物具有隐喻性，并创造出一种模糊空间，并且还运用多种风格，甚至在一幢建筑物上使用多种风格，以达到比喻和象征的目的。但是为时不久，后来的现代建筑师不再寻求单一的真正现代主义风格或单一理想的解决方法，他们开始重视个性和多样化。他们要告别密斯·凡德罗，重新返回到安东尼·高蒂的米拉公寓和勒·柯布西埃的朗香教堂。他们中间有路易·康（Louis Kahn）、理查德·迈耶（Richard Meier）、查尔斯·格尔特梅、丹下健三（东京都新市政厅大厦、东京代代木国立综合体育馆）、黑川纪章（日本名古屋市现代美术馆）、西塞·佩里（纽约世界金融中心及冬季花园）、KPF 事务所（芝加哥韦克大道 333 号大厦）、SOM 事务所（芝加哥西尔斯大厦）等。他们同样沿着早期现代派所追求的方向发展，一直坚持现代派的宗旨。

二　高技术派

一种基础与现代派相同而某些方向稍许变化的风格被称为高技术派（High Tech）。高技术派更侧重于开发利用和有形展现科学现代化要素，尤其侧重于先进的计算机、宇宙空间和工业领域中的自动化技术。早期现代派与技术紧密相连，它的兴趣是在机器上以及意欲通过机器来创造出一种适合现代技术世界的设计表现形式。看来过分地集兴趣于单一的机器已变得过时，把机器化设计视为解决一切问题的手段则显得天真、幼稚和浪漫。高技术派设计已进入电子和空间开发利用的"后机器时代"，以便从这些领域中学到先进技术和从这些领域里的产品中寻到一种新的美感。

沿着这一方向，人们可以从巴克明斯特·富勒（Buckminster Fuller）的设计中找到他在设计发展方向所做的先前努力，他以发展了球体网架而闻名于世，这种结构一直被广泛采用，包括建于 1967 年的蒙特利尔国际博览会的美国馆（图 4—12）。查尔斯·伊默斯（Charles Eames）1949 年在自己的住宅和家具设计上展现了这一方向。他的住宅用工厂预制件装配而成，1946 年后，他的家具设计广为流行。

图 4—12　蒙特利尔博览会美国馆

这种成熟的设计风格与先进技术的结合使得高技术派具有未来性。这种风格的设计师有伦佐·皮亚诺（Renzo Piano）、理查德·罗杰斯（Richard Rogers）（巴黎蓬皮杜中心、伦敦劳埃德保险公司大厦）、詹姆斯·斯特林（James Stirling）（斯图加特博物馆）、诺尔曼·福斯特（Norman Foster）（香港汇丰银行）、美国室内设计师约瑟夫·保尔·德·乌尔素（Joseph Paul D'Urso）等。

高技术派建筑最为辉煌的作品出现于巴黎。这件作品就是蓬皮杜文化艺术中心。它是由意大利的皮阿诺和一个英国人罗杰斯设计的。由于该工程要求创造出一个连续的互不干扰的内部空间，有高度技术化的地下结构，以便布置展品和满足各种不同使用功能的需要。文化艺术中心由四个不同部分组成：一个是面积为 16 000m² 的图书馆，一个是有 18 000m² 的现代艺术博物馆，一个是 4 000m² 的工艺美术设计中心，还有一个是 5 000m² 的音乐和声学研究中心。把其他部分也计算在内的话，这座建筑的总面积达 103 300m²，除音乐和声学研究中心外，其他三个部分都集中在一幢高 42m，宽 48m，长 168m 的 6 层大楼里。

最引人注意的是建筑的外观。蓬皮杜中心的柱梁，楼板都是钢的，而且全部暴露在建筑物之外，在建筑物沿街的那一面上，漆成不同颜色的各种大型设备管道毫不掩饰地竖立在建筑

图 4—13 巴黎蓬皮杜中心

的外侧，不同的颜色表示不同的功能。建筑物朝向广场那一侧的立面上，一条透明玻璃的圆管从地面蜿蜒而上，在圆管中的两列供人上下的自动扶梯输送着进出艺术中心的人们（图 4—13）。

尽管这座建筑物的外观令人眼花缭乱，但是其内部空间却很简单，6 层的大楼，每层都是 7m 高，长度为 166m，宽为 48m，剩下两侧的 12m 用来布置自动楼梯和各种管道。在这样有大约两个足球场那么大的空间里面没有一根柱子，没有一面固定死的墙面。使用的时候，只用家具、屏风或活动隔断临时分一下就行了。无论是办公室、图书馆，还是展览大厅无一例外。

蓬皮杜艺术文化中心的空间环境特色可以概括为三个方面：

首先，中心具有灵活性，这个中心的功能是供大量的群众进行文化、艺术的交流，所以采用了大空间的布置方法，无论门与窗，还是墙壁都是可以拆卸的，空间的小组合只用不同形式的隔断来处理，避免用固定不变的墙体，甚至连厕所都做成可以随便移动的装置。设计人之一的罗杰斯曾开诚布公地说：

"我们把建筑看成是人在其中应该按自己的方式干自己事情的自由的地方。建筑应当设计得能让人在室内和室外都能自由自在地活动，自由和变动的情况就是房屋的艺术表现。"他的话充分、明白地阐述了这座建筑的灵活性。

其次，其特色表现为外形与设计者指导思想的统一，皮阿诺和罗杰斯说："这座建筑是一个图解，人们要能够立即了解它，把它的内脏放到外面就能看见而且明白人在那个自动的楼梯里是运动的……"按这个思想，他们根据现代文化艺术和科学技术结合的密切性进行设计，使人从钢架内的玻璃幕墙可以看到里面的人活动。而且，他们把原来隐藏在建筑中的管道设备全部拉出来曝光，并涂上各种颜色来说明这些体现科学技术的东西实际上与文化和艺术是紧密相连的。

第三个特色就是它对旧的城区环境改造做出了重要的贡献，撇开蓬皮杜中心的建筑外观不谈，它所提供的大型的多功能室内空间及其前侧入口的大型广场，已成为巴黎的重要的窗口，各种公众活动以这个空间背景自发地展开。建筑的外观及其和周边古典复兴式的建筑的有趣的关系，合乎人性的室内外空间形态，以及室内外的抽象雕塑、壁画的良好的协调，暗示人们在这些空间的现代文化艺术活动，形成了一个不同于巴黎其他文化艺术场所的当代文化艺术氛围。

蓬皮杜艺术文化中心虽然也是标新立异，与巴黎古老的建筑群在形式和空间上格格不入，但是它确实打破了旧的建筑框子，作为一种尝试，在技术上和艺术上都有所创新，如果指责"高技派"在建筑这座中心时是存心哗众取宠，完全不考虑建筑的功用，那就有失公正了。事实上，该建筑从改造该地域的空间形态上已经弥补了不足，进而融合成为一个整体了。

"高技派"建筑希望使文化艺术在最大限度内与群众见面，并且在建筑中体现当代文化艺术的先进性、多元性及与现代科技相结合的密切性。现代建筑常常忽视起决定作用的结构和设备。为了改变这一观念，从 20 世纪 60 年代开始的"高技派"新建筑理论主张：现代建筑应将结构和设备放在重要的地位加以突出和颂扬，并利用它们作为建筑的装饰。皮阿诺和罗杰斯根据这种理论，打破了过去认为艺术中心这类建筑应有典雅的外貌、安静的环境等习惯概念，创作了蓬皮杜艺术文化中心这样的作品。

三　后现代主义

现代科学技术的发展的确是令人惊叹的，但它既没有鼓舞人们的生存热情，也未给我们带来精神上的安宁和满足。许多的证据表明，此种信条在使科学和设计相等同起来，想象使用"科学"一词，就能达到十全十美的目标。科学是意味着知识和趋向完美境界的一种法则，在人类的一切活动中不可缺少，没有科学是不适宜的。人们每对科学寄予厚望，作为科学时代的现代人是无可厚非的，但在复杂的现实面前，一切只能相对比较存在，科学不再凌驾于人的直觉之上了。新的建筑观念出现了，它首先重视人类的价值，而非机械的价值，以及工业社会失调情况下畸形的情绪价值。20世纪60年代以后，建筑设计逐渐呈现出一种多元化的局面。历史的反顾以及环境设计以人为中心，和对地域文化及社会环境的承认与重视，都是建立在人类价值的基础上。在变化多端的环境设计当中，人们不仅使用科学的方法来作分析，作判断，必须具备更重要的条件——生活方式、创造力和无限态度及开放的意志。在人性的研究方面，哲学和艺术远比通过科学更为有效，科学并不能完全把握和覆盖全人类的精神。人类的方式，人类的感情，须以人类的直觉去感受和适应，理想的环境建设必须依赖全体人类的天才和信心。

此时的设计师们对自己所坚持的信条也不像以往那样确信不疑。如同生活中的诸多方面一样，当人们一旦意识到自己成了最大的教条主义者时，便明白实际上在这个真实可靠的世界上是不需要教条存在的。因此，无论公众的认识如何，建筑艺术开始朝着众多的方向发展，取代了过去只承认一个主要趋势的观点，建筑师开始沿着不同的方向进行探索；而且他们中间的有些人几乎是彼此水火不相容的。实际情况不仅如此，有些探索方向随着设计师的失败而告终。因为艺术和建筑上的"主义"还从来没有像 20 世纪这样繁多，使人眼花缭乱。且不说古典主义的复话，还有粗野主义、复古主义、结构主义、未来主义、新构成主义、表现主义、实用功能主义、新经验主义、有机主义、新陈代谢主义、新新陈代谢主义和后现代主义（Post-Mod-ernism），而且还有那种虽然算不上"主义"，实际上却特别时兴的一种流派或者"方言"。由此看来，建筑艺术同我们这个多元社会一样，只能以多元论来表示其特征。但不管称为什么主义，都可以用高技术主义、后现代主义来概括。

后现代主义这一称谓来自查尔斯·詹克斯（Charles Jencks），而理论基础则来自罗伯特·文丘里（Robert Venturi）所著的《建筑的复杂性与矛盾性》。在这本书中，文丘里对现代主义的逻辑性、统一性和秩序提出质疑，道出了设计中的复杂性、矛盾性与模糊性。

后现代主义由于运用装饰、讲究文脉而同现代主义分离。这些传统符号的出现并不是简单地模仿古典的建筑样式，而是对历史的关联趋向于抽象、夸张、断裂、扭曲、组合，利用与现代技术相适应的材料进行制作，通过隐喻、联想，给人以无穷的回味。后现代主义极具丰富的创造力，使我们的现实生活变得多姿多彩。属于这个设计阵营的队伍最为壮大，他们有迈克尔·格雷夫斯（波特兰市政厅）、矶崎新（筑波中心）、波非尔、查尔斯·摩尔（新奥尔良意大利广场）、彼得·埃森曼（美国俄亥俄州立大学韦克斯纳视觉艺术中心）、屈米（巴黎拉维莱特公园）、菲利普·约翰逊（纽约电报电话大楼）、文丘里（普林斯顿大学巴特勒学院胡应湘堂）等等。

尽管格雷夫斯不喜欢"后现代主义"这一提法，但他是最享盛誉的后现代主义的设计大师。他才华横溢，诙谐有趣的家具和室内设计已纷纷为其他项目所效仿。1980 年他设计的波特兰市政厅成了建筑领域引起争论最多的一栋建筑（图 4—14）。长期以来一直坚持现代主义的菲利普·约翰逊，1984 年他的美国电报电话大楼也转向了后现代主义（图 4—15）。

图 4—14　美国波特兰市政厅　　　图 4—15　纽约电报电话大楼

在意大利，孟菲斯（Memphis）设计集团始终发展带有后现代主义倾向的家具和室内设计，其色彩和形式更加随意和怪诞。他们对设计界带来了很大的冲击和影响。

巴黎不仅是古典建筑的中心，更是后现代建筑的试验场。拉维莱特公园就是其中"解构主义"环境设计的代表作品。拉维莱特公园位于巴黎大区的东北角，占地 86 英亩，是法国 200 周年国庆的十大建筑之一。法国政府当时的要求是将拉维莱特建成 21 世纪的公园。

拉维莱特是巴黎大区内仅存的少数空闲地区之一，拉维莱特历史上并不是一个公园，而是一个供应巴黎肉类的周转站，类似一个大型的肉类加工、交易场。至今这一地区内还有百年前建成的大跨度的交易大厅。只不过已不再作为肉类的交易场所了。今天走在这座古典式样的寂静的钢架结构边上，真难以想象当年的那份儿热闹、繁忙的肉类交易景象。就是在这样的历史背景下，新的规划中又加入了音乐

图 4—16　拉维莱特公园音乐城

城（包括音乐及乐器博物馆及音乐厅）、科技馆、演出场所、展览场所及其他的附属娱乐、餐饮休闲设施及建筑。其中科技馆及音乐城也是法国 200 周年国庆的重点建筑（图 4—16）。

新的拉维莱特不仅要接纳现代的科学技术，还要包容整个的文化活动，为都市提供展览、表演、音乐会及舞蹈的场所。在 1982 年至 1983 年的为拉维莱特举办的国际设计竞赛中，法国人伯纳德·屈米的方案在 470 个竞标方案中被评委选中，成为了最后实施的方案。在屈米的方案中，占地 25 000m² 的原来的肉类交易大厅，可容纳 6 500 人的银色轻体帐篷式建筑，音乐城，科技馆，以及其他各种用途和形式都不太一样的建筑都被用一个个 120m² 的方格网统一地组成一体。在作标高的每一个交叉点上，屈米安排了全部采用钢结构和大红色瓷釉钢板建造的构筑物。每一个构筑物形式各异。这些规律有序排放的构筑物重叠在这个非规律的地盘上，和原有的空间、建筑、河道一起产生了意想不到的艺术效果。有的落入一片绿地，在大面积冷针草地上及枝繁叶茂的法国梧桐的映衬下异常地突出；有的则和老的建筑碰撞到一起，和建筑物的米色石材墙面有机结合成为一体；有的则成为了跨越运河河面的步行桥的有机整体。屈米在处理这些小构筑物时，采用了点、线、面结合的手法，将公园里的道路、小径、坡道、林阴路、排树、长廊，以及斯塔克设计的椅子、一些工业艺术作品有机地布置成一体。以前从图纸上看拉维莱特公园总觉得有些杂乱无章，难以想象其空间中的效果。可实地一看，发现了屈米在大胆的设计构思的同时显示出了极高的设计技巧。人们在园中活动会感到各方面的使用方便、舒适，空间起承转合、步移景换，尺度适宜、富于变化、生动有趣。屈米在谈论自己的方案时介绍说，点、线、面三个系统被任意重叠时，会出现各种不同的、意想不到的效果，这样才能体现出作者的"偶然的"、"巧合的"、"不协调"、"不连续"的设计思想。这也就是前些年学术界吵得热闹非凡的"解构主义"（图 4—17）。

图 4—17　拉维莱特公园内园景

屈米一方面用一个标准的平面坐标系来统一一批各不相同的建筑，大搞"解构主义"；另一方面为公园引入了许多的活动项目，从一些游乐项目到园艺甚至计算机方面的活动。使得整个公园无论从内容及空间尺度均具有非常人性化的一面，使其作品更像一个建筑作品，而非纯艺术作品。人们可以在其间嬉戏游玩，上上下下，乐在其中。对于历史上存留下来的东西，如交易大厅、狮泉等，则予以保留，进行内部改造以适应新的需要。历史上某些空间要素，则在其性能之上予以拓展。强调其历史的文脉。如原有古运河及基地上的上一世纪的林阴大道，因为它们实际已经对某些开敞的空间产生了决定性的影响，设计者也就因势利导对其进行一定的改造设计，将运河一直延伸至交易大厅一带，使游人更感受到新老拉维莱特碰撞的火花。

喜爱休闲及阳光的法国人，时常而不仅在周末，就聚集在拉维莱特，或带孩子去科技馆参加一项关于静电的实验，或去音乐城听一场拉维尔的音乐会，或者什么都不做，只是一个人躺在草地上晒它一下午太阳，吹吹风，看看天，一切都非常自然。拉维莱特提供了这样的空间和场地，也提供了促进这种活动的环境氛围。

从某种意义上来说，建筑和环境艺术的历史永远不会终结，它是一个不断发展、不断进步的新陈代谢的过程。而每一次的进步和发展，每一种风格的诞生，都会在历史的长河中找到相同或相似的感情倾向。任何一种新观点的崛起，新技术的进步都会改变我们周围的环境，同时它也在改变着历史的面貌。我们发现自己总是试图从每一个发明和创造中追溯它们得以产生的根源，即试图找出设计者在探求形式的过程中所受到的有意识或是无意识的影响。

第 5 章

中国传统的室内设计及陈设

中国古代的室内设计和陈设有着自己独特的发展历史和鲜明的特点。它既是中国建筑艺术的产物，又是中国文化和艺术设计的产物。从传统建筑而言，一般将中国古代建筑分为宫殿建筑、民居建筑和园林建筑三类。从建筑的内外檐装修上可以分为宫殿建筑、民居建筑两类；园林建筑有皇家园林和民间园林两种，本章所涉及的室内设计主要包括宫殿建筑和民居建筑这两类，园林建筑置之其中一并叙述。

第一节　辉煌壮丽的宫殿及室内设计

中国自商周起确立了帝王制。作为一种政治方式，帝王制延续了四千余年。皇帝贵为天子，四海之内皆为王土，一切臣民、山川大地皆在一人掌握之中。帝王和帝王制度产生了相应的宫殿和宫殿制度。宫殿不但是天子日常起居的生活空间，也是处理政务的权力场所。宫殿的内外檐装修华丽、精致，要在气势上体现君临天下的威严。宫殿的营建，很早的时候就形成了固定的规定和型制。

关于"宫殿"一词的定义，在历史上有一个逐渐明晰确定的过程。所谓"宫"者"室也"，《尔雅·释文》谓："古者贫贱同称宫，秦汉以来惟王者所居称宫焉"；"殿"是"堂之高大者"，《说文》注云："屋之高严通平为殿"；两者合在一起即为天子的居住场所。

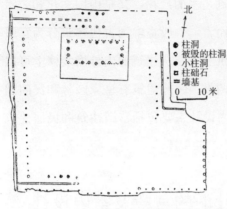

图5—1 二里头1号宫殿遗址平面图

据考古资料，中国出现宫殿建筑最早的年代为商代前期。目前发现最早的宫殿是河南偃师二里头商代宫殿遗址。它们都显赫地建筑在夯土台基上。1号宫殿遗址（图5—1），为边长约一百米的正方形。正面为面阔8间，进深3间的殿堂，四周有廊庑，南面设门，中间是庭院。整个平面由堂、庑、庭、门等单位组合而成。主次分明、结构严谨。它的型制开创了中国古代宫殿的先例。

当时，人们还有席地而坐的生活习惯，室内的坐卧具主要是茵席和床榻。茵席是坐卧类家具的最初形式之一。它体轻质薄，可舒可卷，陈设十分方便。茵席在宫室内的设置灵活，可直接铺于地上，也可与床榻一起使用。夏代的宫殿中就已经使用带有边缘装饰花纹的茵席了。《韩非子·十过》中说："舜禅天下而传之于禹，禹作为祭器，墨漆其外而朱画其内，缦帛为茵，蒋席颇缘，觞酌有采，而尊俎有饰。此弥侈矣，而国之不服者三十三。夏后氏没，殷人受之，作为大路，而建九旒。食器雕琢，觞酌刻镂，四壁堊墀，茵席雕文。此弥侈矣，而国之不服者五十三。"这段话反映了夏商宫室内器具与装饰的奢侈情况：舜得天下而禅位给禹，禹制作了一批祭器，其中有外黑内红的漆器，有丝帛织就的茵席，装饰着华美纹样的祭祀用俎等等。到了殷代时的宫殿，墙壁都刷着洁白的颜色，茵席上编饰着复杂的花纹。可见当时就已经通过宫殿室内装饰来满足礼仪的需要。

西周时的宫殿制度已经相当完备，并形成了由多座单位建筑组成的四面围合的宫室居住环境。从陕西西周宫殿建筑基址上可以看出当时帝王活动场所的有关情况（图 5—2）。此宫殿基址计有 $1\ 469\mathrm{m}^2$，面南，有影壁、门道、前院、门房、中院、前堂、过廊、后室；两边护有对称的厢房。整个宫室布局严整，呈中轴对称式"日"字形的排布形式。

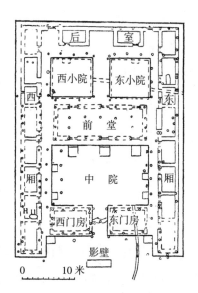

图 5—2　西周宫殿建筑基址平面图（陕西岐山凤雏甲组建筑基址）

字形的排布形式。其中以占地面积最大的主室为主体，中院沿东、西、北三面建筑环设檐廊、台阶。中院空间开敞，东西长

18.5m，南北宽 12m，是用来举行公共活动的场所。中院北边有三个台阶通向前堂。前堂是一座面阔六间，进深三间的建筑，它的室内柱子排列整齐有规律。偶数的开间数目说明当时还没有严格的以奇数为阳数的概念，因此也就无法形成一个轴心空间。前堂室内空间在整个宫室中最大，应该是处理公务、举行仪式的地方。后室位于最北端，进深 3.1m，每间各有一扇南向的门。东西两厢各有八间，进深均为 2.6m，但面宽不完全相同。从房间的主次大小来推断，房间的使用者的地位等级会有所不同。整个宫殿建筑群的安排正符合周代"前朝后寝"的设计思想，是当时礼制思想的物化形式。

周继夏商之后，礼乐和文物典籍方面都达到了很高的成就，而所有这些都服务于它森严的等级制度。宫殿室内器皿的造型、图案和材质等都有着不可逾越的等级规定。如前堂室内设计要突出天子的威严，为天子营造出一种威严庄重的背景装饰来威慑身处其间的臣子。黼依，在营造前堂权力空间中发挥了重要作用。屏风在当时就叫作"邸"或"依"。《周礼》有："设皇邸"和"王位设黼依"的记载，黼依，指设在宫殿中的屏风，"黼"是指绘饰的斧纹，为天子所专用。《三礼图》卷八"司几筵"谓："凡大朝观、大飨射，凡封国、命诸侯，王位设黼"。其制以木为框，糊以绛帛，上画斧纹，近刃处为白色，近銎处为墨色，名为金斧，取金斧断割之义。斧纹屏风的大小为八尺见方，表面所绘无柄的斧形，取设而不用之意（图 5—3）。风行后世的中国家具的典型代表——屏风，作为装饰用的礼用家具，自周代就已经出现在宫室之中。

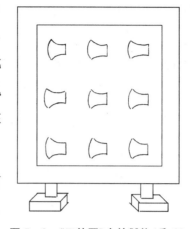

图 5—3 《三礼图》中的黼依（屏风）

周代宫殿室内家具品种有限。大致有几、案、箱、席等，黼依严格地用在前堂中，其他的品种则根据生活的需要设在宫室内。几，是当时长者和尊者的凭依的器具，可设在身体的左右。案，从祭器中的俎发展而来，并逐步完成了生活化的过程，演化成为承托类家具。周代的宫室中把明堂作为明政教化的地方。聂崇义在《三礼图》中曾这样记载它的平面布局和使用功能："燕寝在后，分为王室，春秋居东北之室，夏居东南，冬居西北，秋居西南，季夏居中央。"根据一年四季光照条件的不同而随时更换寝室，表现出人对自然条件的主动适应。但从设计的角度考虑，卧室的频繁变更说明室内空间的功用并没有做出严格的区分，当时室内的寝具也不会十分复杂。当时是否已经开始使用矮足床具，目前还没有实物可考。床与当时的坐卧具——茵席有相似的功能，即都是满足人身体休息要求的器具。但是床不能像茵席那样随用随设，它在室内的位置相对要固定得多。可以作这样的假设，一旦一个房间使用了床，那床所依存的室内空间便极容易地变成固定的卧室。在起居空间的功能定位伊始，床有着其他家具所不能替代的关键作用。所以，当时的寝宫中可能并没有设置床具。另外，《礼记·内则》中也说："古人枕席之具，夜则设之，晓则敛之，不以私亵之用示人"，也说明当时的寝具收放容易的特性，而床具当然无此特性，床上的寝具也不必夜设晓敛。周代根据不同季节使用不同性质的席，称五席之制。这五席分别是莞席、藻席、次席、蒲席、熊席。织五席的材料有竹、草或动物的毛皮。其室内用席的分类恰与四季游走的明堂寝宫暗合。这足以说明，席是当时极为重要的寝宫家具。

礼制对设计的制约虽然严格，但人的主观生理和心理要求仍然是推动设计发展的最大动力。床，这种最终让人离开冰冷潮湿地面的家具，还是冲破礼制的限制，势不可挡地产生了，并且首先服务在宫室居住环境中。《战国策》中提到，齐国孟尝君出行五国，到楚国时，曾向楚王献奉象牙床。从此床以象牙为材料来看，床在当时已受到上层社会的喜爱与重视。从河南信阳长台关战国墓出土的彩绘漆木床（图5—4）可以看到当时床的基本形象：它由六个敦实的矮木足支撑床体，四边设有方棂格子床围，前后各留一口以供上下使用。从出入口的对称设置可知，这类床绝非靠近墙壁摆设，而是放在室内空旷之处。

曾有学者认为当时的床并不是专门的卧具，可能兼有大型坐具的功能，供会客座谈使用。从侧面也反映出当时的室内空间及陈设并不作严格区分，具有兼容性较强的特点。

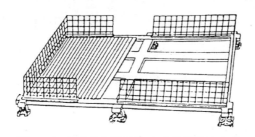

图 5—4 河南信阳战国墓出土的彩绘漆木床

随着建筑技术的提高，宫室室内空间逐渐增高加大。高大固然是宫殿建筑的基本要求，但对室内环境来说，过于高大的室内空间对人的生理和心理都会造成不良的影响。清代文人李渔就曾有过这样的论述："登贵人之堂，令人不寒而栗，虽势使之然，亦寥廓有以致之。"这里的"寥廓"正是使人"不寒而栗"的原因。其实人们很早就注意到了室内空间与人的关系。在宫殿室内环境中，除了举办礼仪的大殿以外，其他的寝殿都十分重视空间的围合分隔。《春秋·后雨》载："孟尝君屏风后，常有侍使记客语。"由此可见，当时已有屏风作为室内空间再限定的工具。"屏风"一词的正式使用是在春秋时期。此时的屏风形式与周天子背后的黼依非常类似，但它的功能已经从单纯的用作背景衬托转向具有实用价值的作用，参与到人们的生活中来，从单纯的礼仪功能器具中分化出供人们日常生活使用的品种。宫殿室内空间在功能上定型化的进程也随着屏风、床等大型家具的使用而加快。

秦始皇统一中国以后，开始大兴土木，为自己营造规模宏大无比的宫殿苑囿。其中阿房宫就是依山而建的宫殿群，集居住、办公、玩赏于一身，统治阶级以极大的财力和物力把想象力发挥到了极致。《史记》载阿房宫的规模谓："先作前殿阿房，东西五百步，南北五十丈，上可坐万人，下可以建五丈旗，周驰为阁道，自殿下直抵南山。表南山之巅以为阙。"从这一段文字中可知，中国自秦代起就已经用"依山象形"来借助自然造化之功以表现人力的伟大。阿房宫开皇家园林之先河，把满足多种功能需求的建筑群组合在群山之中，其设计难度可想而知。它表达出来的设计思想往往容易被宏大、奢丽的外表所掩盖。它对空间的界定、营造、平面的布局组织，对装饰纹样的刻镂，都是史无前例的创造，无论是建筑还是室内均达到了出神入化的境地，宫殿不仅仅是为了满足生理功能，而且追求多方面的精神功能。很遗憾，项羽的一把火使后人无缘一睹阿房宫的真容，但这种皇家宫苑的设计方式却一直在后世延续。

"蜀山兀，阿房出"，宫殿群落"覆压三百余里，隔离天日。……五步一楼，十步一阁。廊腰缦回，檐牙高啄。各抱地势，钩心斗角。盘盘焉，蜂房水涡，矗不知其几千万落"。如果说唐代诗人杜牧的这篇《阿房宫赋》多少还带有艺术家想象和夸张的成分，那么近年来，考古工作者在秦咸阳宫遗址发现的大批壁画，则为我们提供了确凿无疑的实证。这些宫室壁画"五彩缤纷，鲜艳夺目，规整而又多样化，风格雄健，具有相当高的造诣"。壁画所运用的颜色也十分丰富，计有"黑赭、黄、大红、朱红、石青、石绿等"，其中以"黑色的比例为大"[①]。宫室壁画线条流畅、气韵生动，表现出技艺上的成熟老练。所选用的题材内容也极为丰富，有亭台楼榭、植物花卉、车马冠盖、乐舞宴饮等。建筑与室内设计是一个时代文化精神物化的产物，从殷代宫室四壁刷着洁白的颜色，到咸阳宫墙壁的纹彩闪烁，是宫殿室内装饰的一次飞跃。这种室内装饰的手法和题材对后世宫室、墓室、寺庙的室内装饰都产生了重大影响。

两汉有四百余年的历史，国富民强，发展尤为迅速。汉代的宫室，虽不像秦代的阿房宫那样在设计上敢为天下先，但它豪奢宏大绝不逊于阿房。汉代刘歆《西京杂记》载："汉高帝七年，萧相国营未央宫"，未央宫是大朝所在地，位于长安城的西南角，利用龙首山岗地，削成平台，作为宫殿的台基。未央宫以前殿为主体。前殿开间阔大，进深浅，呈狭长形，这是当时宫殿的特点。这种平面布置与室内环境所要求的采光条件相符。汉代的建筑技术已经相当的成熟，建造高大的宫室并不难，但

---

① 《秦都咸阳第一号宫殿建筑遗址简报》，载《文物》，1976（11）。

雅室·艺境：环境艺术欣赏

对于南面开门窗的宫殿来说，过大的进深必会造成室内阴霾、黑暗，这当然不是统治者所追求的效果。所以长方形的平面布局是必然的选择，它既满足了建筑正面外观上宏大的气魄，又为室内空间提供了充足的自然光线（图5—5）。

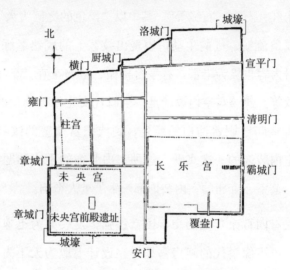

北
城壕
洛城门
厨城门
横门
宣平门
雍门
桂宫
清明门
章城门
长 乐 宫
霸城门
未央宫
章城门
未央宫前殿遗址
覆盎门
城壕
安门

图 5—5 汉长安遗址平面实测图

汉代在宫殿室内空间的营造上也独具匠心。未央宫前殿内部两侧隔出处理政务的两厢，这种在一个殿内划分出三个空间，来兼大朝、日朝的方法与周代前后排列三朝的制度有所不同，它是对宫殿室内空间的有效利用。汉代宫殿室内装饰承袭了秦代的传统，装饰性壁画盛行。长乐宫和未央宫的雕琢藻饰，愈趋华丽；汉武帝时，进一步在长乐宫、未央宫的南侧修建上林苑，班固在《两都赋》中描写上林苑的室内金镶玉饰、五彩辉煌，玲珑的雕刻，实在耀人眼目。

至成帝、哀帝时所建造的宫室更趋华丽，室内除了用金玉为装饰材料外，翠羽、牙骨、雕漆都为所用。《西京杂记》对此有详细记载："赵飞燕娣住昭阳殿，中庭彤朱，而殿上丹漆，砌皆铜沓黄金涂，白玉阶，壁带往往为黄金缸，含蓝田璧，明珠翠羽饰之；上设九金龙，皆含九子金铃，五色流苏，带以绿文紫绶，金银花镊，每好风日，幡旄立影，照耀一殿，铃镊之声，惊动左右；中设木画屏风，文如蜘蛛丝缕，玉几玉床，白象牙簟，绿熊席，庶毛二尺余，人眠而拥毛直蔽，望之不能见，坐则没膝其中……"又"哀帝为董贤起大弟于北阙下，重五殿，洞六门，柱壁皆画云气，华山、山灵、水怪。或缀从绨锦，或布以金玉"。由此可知当时的宫殿室内装饰穷尽华丽，特别是墙壁装饰，材料上有金、玉、绨锦，或彩绘或雕镂。室内家具有屏风和设置在它前面的床，几是室内空间的中心。这与汉画像石、砖中描绘的陈设方式相符。汉代宫殿室内装饰艺术，已经相当的发达和丰富，可以算是我国室内设计史上灿烂的时代，是中国席地而坐时代里装饰艺术的极致，为后代提供了范式。

秦汉时代的建筑技术已经达到较高水平，但席地而坐的生活方式还没有改变。因此，礼制要求下的宫室空间的进一步扩大与大空间造成人心理上的疏远感构成矛盾。这种矛盾在没有高型家具进行填充的情况下，只能通过室内墙壁装饰来调和。

汉代屏风的广泛使用就是这种努力的产物。屏风作为当时室内少有的高型家具，受到人们的重视，对屏风本身的设计几乎是不遗余力，屏风走向了多样化发展的道路。此时，除了木质漆屏风外，还出现了玉屏、陶屏、琉璃屏、绨素屏、书画屏和石屏等。屏风的型制也多样化起来，出现了屏风榻和折叠屏风。屏风榻，也就是设置在矮足床、榻周围的屏风，实质上就是坐卧具与屏障具的组合。把休息区与周围环境分开，是汉代首创。折叠屏风也是当时的新型制，多扇组成，每扇宽狭长短不定，间或在某扇中设置门扇以供出入。可以想象，没有高大的室内空间，也就不可能使用这种屋中之屋的家具形式。汉代的屏风不但起到美化和装饰室内环境的作用，另一重要的功能是屏风避寒，分割室内空间。它的使用，解决了高大空间与人的需求之间的矛盾，即精神需求和生理需求的矛盾。屏风已经成为宫室中不可或缺的组成部分。它的存在给帝王人性的那一面创造出相对轻松、自由、秘密的小环境。

魏晋南北朝时期，是中国历史上社会动荡、政治混乱的时期，也是历史上从未有过的民族大融合时期。民族间的相互融合，以丝绸之路为纽带的中西文化交流，以及佛教的东传和盛行，都为中国传统生活方式的变革提供了动力。受西方影响，高型坐卧具逐渐流行起来，使汉代以前那种席地而坐的传统起居习惯逐步向垂足而坐的方向转换，宫室内家具增高的势头兴起。如晋画《女史箴图》中的宫中女官所坐的床（图 5—6），不但在高度上适合垂足而坐，而且还在上面加上仰尘（即在床上部加顶盖用来承接灰尘），四周挂幔帐，床面四沿设以矮围栏。这件床具形象地说明了当时宫廷寝宫中已普遍使用这种复杂华丽、围合作用极强的卧具了。

图 5—6　《女史箴图》中女官所坐的床

北魏、北齐、北周的统治阶级都是鲜卑族，他们原是在荒原帐幕中生活的。到了中原，住进了更加舒适的宫室中，并很快适应，接受了这种建筑和室内设计，同时也带来了草原民族的高型家具——机凳，也就是胡床（图 5—7）。胡床这类家具，早在汉代时就已经被中原王室所接受并使用。如《后汉书》中就载有："灵帝好胡服、胡帐、胡床、胡坐……京师贵戚皆竞为之。"

图 5—7　敦煌壁画中的胡床

但是高型家具从来都没有像此时那样流行。在固定居室内使用胡床这类的高型坐具有着在草原活动性帐幕中使用所不能比拟的重要意义，因为正是它的广泛使用改写了中国传统室内设计的历史，改变了人们的生活方式，影响了一系列与它相配套的家具的创新。一旦高型坐具的使用形成固定的习惯，那么原来席地而坐时代所使用的靠几与矮案就失去了意义，而人在生活中仅有坐具用来休息是远远不够的，还要有高型桌案类与之配套，所以高型桌案的产生也不会晚于魏晋。

六朝时期，宫殿室内设计很注重色彩的搭配运用。晋武帝所建造的宫殿，室内设置铜柱十二根，表皮镀上黄金，又巧雕各种图案，再用串串明珠缀饰在铜柱上，极为奢华，后来赵石勒仿照汉宫殿建筑，建了一座太武殿，也是"殿柱楹梁，漆金银二色"。室内装饰在此时已走向细腻化，室内雕梁画栋已蔚成风气。也可以说，宫室室内装饰已经挣脱礼制的束缚开始向多样化、生活化的方向转变。更有石虎建造的豪华宫殿圣寿堂，堂上竟挂以八百块美玉、二万枚明镜，给人的视觉、听觉全新的刺激，营造出虚实相生的动感空间，显示了只有宫室室内装饰上才能实现的奇思妙想和无上奢华。

隋朝立国时间不长，但在宫室建筑与室内方面却留下了许多杰作，特别是隋炀帝一生都陶醉在艺术的宫苑里。有《迷楼记》载："炀帝晚年……顾谓近侍曰：'人生享天地之富，亦欲极富当年之乐，自快其意。今天下安富无外事，此君得遂其乐也。今宫殿虽壮丽轩敞，若无曲房小室，幽轩短槛。若得此，则吾期老于其中也'。近侍高昌奏曰：'臣有友项升，浙人也，自言能构宫室。翌日，召而问之。升曰：'臣先乞奏图'。后数日，进图。帝披览，大悦。即日诏有司，供其材木，凡役夫数万，经岁而成。楼阁高下，轩窗掩映。幽房曲室、玉栏朱楣，互相连属，回环四合，曲屋自通，千门万户，上下金碧。金虬伏于栋下，玉兽蹲乎户旁，壁砌生光，锁窗射日。工巧云极，自古无也。费用金玉，帑库为之一虚。人误入者，终日不能出"。隋炀帝已经意识到宫室室内虽然是广室高堂，但仍是"曲房小室，幽轩短槛"更舒适宜人。室内设计的人性化要求被明确地提出来。根据这个要求，设计师项升设计"迷宫"，使帝"大悦"。这座迷宫"幽房曲室，玉栏朱楣，互相连属，回环四合，曲屋自通，千门万户"，在空间处理上千回百绕，连绵不绝。可见曲中有直，通中有隔，直达妙境。室内装饰更是"金虬伏于栋下，玉兽蹲乎户旁，壁砌生光，锁窗射日。"这里的"金虬"与"玉兽"都是用石头雕刻而成的瑞兽，墙壁上描金嵌玉熠熠有光。可见当时室内空间与装饰的设计手法已经十分丰富，有雕刻、镶嵌、彩绘等。

长安是唐代的国都，它的营建规模宏大，错列有序，是当时世界上最大的城市之一。公元634年开始建造的大明宫位于长安城外东北的龙首原上，居高临下，可以俯瞰全城。宫殿有南北纵列的大朝含元殿、日朝宣政殿、常朝紫宸殿，它们为帝王准备了不同情况下的宣政之所，并处于同一轴线之上，其中以大朝最为宏丽。轴线两侧则辅以若干座殿阁楼台，构成服务区。后部是帝王后妃日常起居区域。北部有就势而造的太液池，池中建蓬莱山，池周围点缀有楼台亭榭，为皇室游玩的园林区。整个规划井然有序，功用明晰。为中国皇家宫室的营造提供了一个优秀的范例，并一直延续流传。

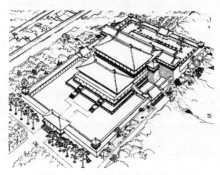

大明宫中有一组华丽的宫殿——麟德殿（图5—8），是皇帝饮宴群臣、观看杂技舞乐和进行佛事的场所，从功能上来讲，相当于现在的礼堂。它坐落在大明宫西北的高地上，

图5—8　唐大明宫麟德殿复原图

由前、中、后三座大殿组成。面宽11间，进深17间，面积约等于明清太和殿的3倍。如此宏大的规模令人瞠目。关于它室内的设计情况，如采光设施，空间分割，装饰手法和家具陈设。目前都无据可考，这样的大空间的处理，对于设计者实在是一个严峻的挑战，事实说明当时在室内设计上已经突破空间的限制，达到前所未有的高度。可以设想，它的顶部一定设有采光的天窗，来满足室内采光的要求，但天窗到底使用什么材料，却不得而知，另外根据当时多种的使用功能，应该附有不同的

辅助设施，这些是临时搭设，还是开辟固定的空间，也需考证。它反映了唐代综合性室内空间的情况，它那三殿合一的独特结构，创造了独一无二的奇特效果。

隋唐时期，是席地坐向垂足坐转化的高潮时期。在这一时期内，社会上垂足而坐和席地而坐并存，室内家具的尺度在继续提高，唐代王室与西北少数民族关系良好，从皇帝起就崇尚胡俗、胡物，所以室内家具的高型化必然先从宫室家具开始，同时新的家具品种也不断涌现。除了坐卧具以外，桌案类，橱柜类家具也开始在宫室中使用，家具的品种逐渐丰富多样起来（图 5—9）。在宫室中即使是地位较低的乐伎也开始使用桌、凳，

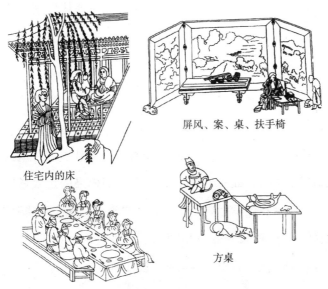

住宅内的床

屏风、案、桌、扶手椅

方桌

图 5—9　唐代书画、壁画中各种家具

**图 5—10　唐画《挥扇仕女图》
中的月牙小凳**

如唐画《宫中图》所描写的那样，宫中乐伎会餐时，伎众围坐在一个大型的餐桌前，坐着长方形机凳。由此可知桌子不但在宫室中极为普及，而且可以根据不同情况，它的大小设计得十分灵活。同时椅子的形式也十分多样，有靠背椅、圈椅、竹椅，与宫室建筑的宏丽相呼应，家具大都宽大厚重，饱满华丽。无论是王者使用的高靠背扶手宝座，还是宫妇闲坐的月牙小凳（图 5—10），无不通体以细致的镶嵌和彩绘进行装饰。特别是宫妇使用的家具造型优美，曲线适宜，与体态丰满、雍容华贵的唐宫佳人的体貌正堪匹配。

唐代宫室习惯在地面铺设华丽的地毯，常满殿铺就。白居易在《红线毯》一诗中就有这样的描写："红线毯，择茧缲丝清水煮，拣丝拣线红蓝染。染为红线红于蓝，织作披香殿上毯。披香殿广十丈余，红线织成可殿铺。"它的效果则是"彩丝茸茸香拂拂，线软花虚不胜物。美人踏上歌舞来，罗袜绣鞋随步没。太原毯涩毛缲硬，蜀都褥薄锦花冷；不如此毯温且柔。"可见此毯为地毯中的优秀品种，亦是室内设计的重要物品。

唐代的染织技术极为发达，不但在衣物上使用，也多用于室内和家具之上。室内主要用作幔帐，户帘；家具方面则有床、屏、椅、凳，一方面起到美化作用，同时也有围合限定的功能。唐代染织品种类多不胜数，纹样光彩华丽，装饰室内，堪与大唐风格相匹配。

唐的灭亡，随之而来的是我国历史上又一次的分裂与割据的时代——五代十国。在这半个世纪长的时间里，由于战乱频频，宫室建筑的成就很少，更无前代那样的气魄与风采，但是在这个史称残唐的时代里，延续着唐代的遗风，室内设计有所发展，并且在室内家具的设计上几乎形成体系。从五代时画家如顾闳中、周文矩、王其翰等留下的大量描绘五代贵族现实生活的画卷中，可以看到中国室内设计风格已经基本形成，它不如盛唐时期那样的豪华壮丽，但变浑圆为直简，化飞扬为含蓄，成为宋代中国高型家具的最终定型的前奏（图5—11）。

图5—11 五代顾闳中《韩熙载夜宴图》中的桌、靠背椅、凹形床

宋代是我国室内设计史上的重要时期，是中华民族的起居方式由席地坐最终转变到垂足坐的重要时期。此时的建筑艺术发展达到一个新的高度，建筑制式、用料大小、彩绘装修等都向制度化发展，出现了《营造法式》这本关于宫式建筑的经典文献。宋代宫室建筑，不及唐代那样宏伟壮丽，它更富于雅丽、精致的特点。特别在内部装修和装饰、色彩运用、雕饰纹饰等方面都趋于精巧秀丽。延福殿是设于开封的新宫，是新建宫殿中气派最大的一个。它的东、西、南、北分布着大大小小的殿堂。覆茅草为亭，竹榭成阴，宫苑内各式景色具备。因徽宗擅长丹青，工于设计，其室内装饰陈设自然雅致不俗。

元代是中国历史上第一次由蒙古族统治的时期。蒙古帝王的宫殿有两种形式，一种是设于草原上活动式宫殿，另一种是元大都中的固定式宫殿。活动式宫殿活动性大，临时性强，很难长久地保存下来，只能通过文字记载对其室内陈设、装饰略见一二。英国人道森在《出使蒙古记》中这样写道："拔都的宫廷十分壮丽……他甚至和他的一个妻子坐在一块高起的地方，像坐在皇帝宝座上一样。其他的人，包括他的弟兄们和儿子们以及其他地位较低的人，坐得较低，坐在帐幕中央的一条长凳上；至于其余的人，则坐在他们后面的地上，男人们坐在右边，妇女们坐在左边。……在帐幕中央近门处，放着一张桌子，桌上放着盛有饮料的金壶和银壶。"可见蒙古首领宫室内的陈设十分简单，是游牧生活习惯使然。接着又描述了宫廷的装饰："这座帐幕，他们称之为金斡耳朵……这座帐幕的帐柱贴以金箔，帐柱与其他木梁连接处，以金钉钉之，在帐幕里面，帐顶与四壁覆以织锦，不过，帐幕外面则覆以其他材料"。从中可知，软质装饰材料较多，是可移动宫殿最多的装饰材料，与固定式宫廷有所不同。高台则以金、银装饰，"甚为华丽，在高台上面，有一个伞盖"。"（高台）有四道阶梯，以供上下高台之用。其中三道阶梯是在高台前面，当中的阶梯，只有皇帝才能上下行走，两边的两道阶梯，则供贵族们和地位较低的人行走。第四道阶梯，在高台后面，是供皇帝的母亲、妻子和家属上下高台的"。高台和宝座是整座宫廷的中心，衬托着皇上至高无上的地位。设计上强调主体，通过主体与次体的反差，来营造权力空间。

活动帐幕式宫廷的门的设置也有一定的规定，当中的一个进口，比两边的进口大得多，经常开着，无人守卫，因为只有皇帝能从这个进口出入。宫廷中最重要的家具是皇帝的宝座，它设于帐中的高台之上，"用象牙制成，雕刻异常精巧，并饰以黄金和宝石"，拾级而登的高台与固定式宫殿内部登上宝座的高台，在功能上相似，表现出上下等级关系。与它相陪衬的其他坐具的档次与高度却降了下来，在宝座周围，放着若干长凳，贵妇们分成几排，坐在宝座左边。但是没有人坐在宝座右边高起的座位上，首领们坐在放在帐幕中央的较低的长凳上，而其余的人则坐在他们后面。另外在帐四周设有几个枷皮的小柜来摆设碗碟等食具。因为空间的限制，帐幕式宫殿的家具偏低矮，当然宝座除外。从家具体量、装饰、排列的位置上可以清楚地分出远近、亲疏、上下、等级，这是受儒家文化影响的表现。

蒙古族活动式寝宫的室内设计同样也很有特点。皇帝的每一位妻子都有自己的帐幕。每当他们新到一处水草丰美之地安营扎寨时，正妻把她的帐幕安置在最西边，在她之后，其他的妻子按照她们的地位依次安置帐幕。因此，地位最低的妻子把帐幕安置在了最东边。一个妻子与另一个妻子的帐幕之间的距离约为"一掷石"远，她们帐幕的平面布局是：门朝向南方，主人的床榻安置在帐内的北边。妇女的地方总是在东边，男人的地方在西边。这与汉族男左女右、左尊右卑的习俗不同。除床榻外，最重要的家具是用细长的劈开的树枝编成的方形的大箱子，它的顶盖也是由树枝编成的圆顶，在箱子前面做成一个小门，用在牛油或羊奶里浸过的黑毛毡覆盖在箱子上面，以便防雨，在黑毛毡上又用多种颜色的图案作装饰。这个牢固美观的箱子里面放着她们的寝具和贵重的物品。这些箱子被捆绑在小车子上（每个妻子都有自己用来运输的小车子），并且从来不从车子上搬下来。当固定好帐幕以后，把装着箱子的小车排列在两边，距离帐幕"半掷石"远。因此仿佛两道围墙把帐子屏蔽在中间。

元代固定式宫殿——元大都宫殿，元大都设于今日的北京，自战国到金、元，大都一直是北方的一个重镇，辽曾在此建立南京，金又扩建为中都。元世祖（忽必烈）即位以后，迁都于此，对大都进行了大规模的建设。大都的规划者是刘秉忠和阿拉伯人也黑迭儿，他们按照古代汉族营建都城的传统进行设计，历时八年建成。宫殿是大都城中的主要建筑，宫城有前后左右四座门，四角并建有角楼。宫城内有以大明殿、延春阁为主的两组宫殿，这两组宫殿的主要建筑都建在全城的南北轴线上，其他殿堂则建在这两条轴线的两侧，构成左右对称的格局。宫殿多由前后两组殿堂组成，每组各有独立的院落，而每一座殿堂又分前后两部分，中间用穿廊连为工字形殿，前为朝堂，后为寝殿，殿后往往有香阁。

大都宫殿穷极奢华，使用了许多贵重材料，如紫檀、琉璃等，如大明殿左右的文思、紫檀二座寝宫，《辍耕录》说它"皆以紫檀、香木为之，镂花龙涎香间白玉饰，壁草色髹，绿其皮为地衣"。室内装修用紫檀、香木等高贵木材，镶嵌镂空雕花的龙涎香和玉饰，地上铺着草绿色地衣。可见尚有草原文化的遗存。《故宫遗录》也说这两处宫殿："通壁皆冒绢素，画以金碧山水"。室内墙壁上有"小双扉，内贮裳衣"，采用的是西北常用的壁柜来存放衣物。壁柜的产生是由于西北地区寒冷干燥的气候条件下，居住环境的墙体必然要求厚重，以便于遮挡风寒，再加上室内多用实体墙来作空间分隔，少有南方居住环境中惯用的隔断，故为了有效利用有限的室内空间，形成了在厚墙上开辟壁橱的特有设计手法。不但有衣橱，还有碗橱、被橱都可根据实际需要嵌入墙体中，有的设门，有的不设门。元大都宫殿中出现这样的壁橱，说明这一类型的室内设计已经被蒙古族上层社会所接受，并形成了固定的习惯，这一点在活动式的蒙古包中是绝对不会出现的，是北方各民族长期混居、相互影响的结果。此二寝宫的窗式设计亦十分华丽："前皆金红推窗，间贴金花，夹以玉版明花油纸，外笼黄油绢幕，至冬则代以油皮"。从《故宫遗录》对窗的描述可知其寝宫建筑的窗式基本上是宋、金宫式的延续，窗为外推式，涂鲜艳的朱红色，加有金边装饰，在无玻璃作装饰材料的情况下，使用透明性较佳的桐油纸和防水处理过的黄绢。元代宫廷家具整体风格受唐风的影响，基本上体现出一种体块厚重的风格特征，除此之外，更注重夸张的曲线和华丽的装饰。

元朝末年，朱元璋领导的起义军，推翻了元代政权，定都北京，建立了明王朝。明都北京是在元大都的基础上改建和扩建而成的。皇城的宫殿，从明永乐五年（公元1407年）起，明成祖集中全国匠师，征调了二三十万民工和军工，经过14年的时间，才建成了这组规模宏大的宫殿组群。到了清朝，皇宫的建设在明皇宫的基础上逐渐完善，形成了今天的故宫建筑群落。

　　明清皇宫整体规划上分为外朝和内廷两大部分。外朝以太和、中和、保和三殿为主体，前有太和门，两侧有文华、武英两组配殿，是皇上与文武百官计议天下大事和举行仪式的办公场所；内廷是皇上后妃日常起居生活的地方，以乾清宫、交泰宫、坤宁宫为主体；最后面还有一座御花园。明皇宫基本上是依据中国礼制建筑的要求来布置的，它的建筑排布工整严肃、主次分明，所有的重要建筑都排列在中轴线上，依次为太和殿、中和殿、保和殿、乾清宫、交泰宫、坤宁宫，中轴线两边建筑则呈对称式排布。它的设计思想，和以往一样，就是要体现皇家的威严，在空间处理上，则以外朝最为宏大，它所要展现的精神威慑力要比它实际的使用功能重要得多。前三殿广阔的院落和四周相对低矮的空间，又衬得它们挺拔伟岸，依靠有节奏的空间组合与体量的差别来体现它们不同性质、不同使用功能的空间特征。太和殿为长方形巨型宫殿建筑，面宽 11 间，进深5 间（图 5—12），开间并非均衡分布，而是中间最宽一间，两头最窄各一间。最窄的两头用实墙间隔出夹间，为主体空间外的服务空间，以供皇室近从侍候时不会因杂乱而影响主体空间严整的效果，同时又以相差悬殊的空间比例严明上下、主从的关系。两座间墙中部偏前的位置，都开有通向主体空间的门。大

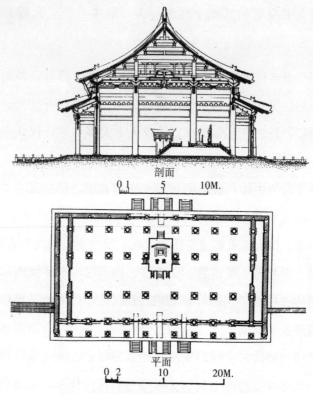

剖面

0 1   5   10M.

平面

0 2   10   20M.

图5—12　北京故宫太和殿平、剖面图

殿主体采用严格的对称布置，它对后开门。整个大殿以位于中
心偏后的至高无上的皇帝座为中心、宝座坐落在高台之上（图
5—13），位于两根龙柱之间，高台设有六道台阶以供上下之用，
前面设三道，两边各设一道，后面设一道。设计上等级的体现
无所不在，如殿前三道台阶中间最大，供皇帝行走使用，两边
辅阶则是供太监等下人使用，台阶采用阳数七级，高台沿口设

有围栏，装饰华丽、体量庞大的宝座就居中而设。

图 5—13　北京故宫太和殿内皇帝宝座

　　在中国传统观念中，坐或是座，是非常关键的，坐或座，
体现了一个人在社会中的等级地位、阶级层次。比如常说的坐
第一把交椅、坐龙床，都是通过这座的不同种类，让人明白了
他的社会地位，在中国传统室内设计中，对座的礼仪功能、象
征功能的考虑超越了一切。在正式的礼仪场合中的座，其生理
上的舒适要求反而让位给精神要求了，那么座中的最高贵者，
自然就是皇帝的宝座了。大朝中的这把宝座不但是大朝建筑空
间的中心，也是皇城的核心所在，甚至是整个封建帝国的中心，
它几乎成了王权的代表。在整个大殿中，它是那样地高高在上，
臣子们匍匐在皇帝宝座的脚下，为它的威严庄重、富丽堂皇所
震慑。同时它的背后又有三折的龙屏衬托，加上两边的龙柱形

成一个相对围合的空间，使坐在上面的皇帝能够在这个远离人性的高大空间中心定神怡，而脚下的臣子们在无所依靠的环境下永远是心怀忐忑的，这就是通过空间、陈设、装饰所要达到的维护礼制秩序的效果。太和殿以大空间的营造为主，除宝座高台之外，再无其他陈设，但它内部的装修小木作却极尽精细奢丽，天花、斗拱、藻井、彩绘不厌其繁，不厌其精（图5—14）。

图5—14　太和殿藻井

　　三大殿的建筑设计与室内设计与其说是为人性的设计，不如说更接近于为神性的设计，它与寺观的设计有许多相通相似之处，不同于人居环境的设计，它们之间的设计要求、设计方法和设计结果都截然不同，这个空间设计的目的是为了造神，所有一切都是为了烘托出君主的神秘与伟大，他的地位高不可及，君权神授。无论是高高在上装饰华丽的宝座，还是半遮半掩悬幔而下的帘帐，或是高炉中缭绕而出的香烟，都使人如同雾里观花一样对君主的真实面目捉摸不定。这一切与寺观中对供于神龛中的神像里的室内处理是多么的相像，明确体现出室内设计为政治权力服务的思想。

　　后宫内廷是明清帝王后妃日常起居之所，室内设计手法与前三大殿不同。首先在建筑体量上已不似前三大殿那样追求规模宏大气魄，而是强调以人的正常心理、生理需求的空间（图5—15、图5—16）。其等级的体现不是靠主体建筑的无限胀大来实现，而是使从属建筑的相对缩小中对比出来。室内空间的合理安排是宫室室内设计的第一步，因为中国建筑的大木作框架式结构，使室内摒除了实体。明清以来由于技术的提高，宫廷室内装饰手法的多样已达极致。无论是雕、嵌、漆、绘，也不管是金、银、玉、骨……全都可以用作室内环境的装饰，造成一种空前的豪华奢靡的效果。甚至在一件家具上也采用多种材料，多种工艺。这种对装饰过分的追求，而忽视使用功能，最终导致清朝中期以后设计终于走向式微之路。

图5—15　北京故宫养心殿东暖阁　图5—16　北京故宫养心殿东暖阁后间

第二节　民居室内环境设计

"民宅"一词，最早也出自《周礼》，是相对于皇室而言的，统指皇室以外庶民百姓的住宅，其中包括达官贵人们的府第园宅。《周礼》谓："辨十有二土之名物，以相民宅，而知其利害，以阜人民，以蕃鸟兽，以毓草木，以任土事。"疏云："既知十二之所宜，以相视民居，使之得所。"所谓"得所"，即利处居之，害处远之。趋利避害，是"相宅"的原则，不但使"民殷财阜"，而且使鸟兽草木得以繁衍。

一　民居的产生与合院的定型

民居是民众的栖居之所，与民众的生产活动和娱乐休息活动息息相关。民居的产生和发展离不开一定的自然条件和人文条件。《周易·系辞》所谓"上古穴居而野处"应是对最早人类居住环境的记载。近四十年来的考古发现证明，旧石器时代人们居住的确是天然洞穴，如北京周口店的山顶洞，就是目前发现的最早的一处。由几十人组成的原始人群，他们结伴共同生活，依靠狩猎和采集谋生，天然洞穴给他们提供了躲避大自然恶劣的条件和猛兽袭击的栖身之所。这是人在生产力低下的情况下对居住环境主动选择的结果，但还谈不上主动营造。

《韩非·五蠹篇》说："上古之世，人民少而禽兽众，人民不胜禽兽虫蛇。有圣人作，构木为巢，以避群害，而民悦之，使王天下，号之曰有巢氏。"新石器时代有巢氏构木为巢的传说，说明随着生产力的提高和生存能力的增强，人们已经不满足于对自然的被动适应，开始走向主动营造的历程。不管有巢氏是个人还是群体，对他的颂扬说明居住条件的改善对人生存的意义是多么的重要。"构木为巢"可以看做居住环境设计的开始。它闪烁着先民们的智慧和劳作的光彩。自此，中国辽阔的大地上散布着许多大大小小的氏族部落。在设计上开始考虑到居住区的规划，辅助配套设施及工作、生活区的协调组织。

新石器时期房屋有圆形（图 5—17）和方形（图 5—18）两种。方形多为地浅穴，面积在 $20m^2 \sim 40m^2$。房屋建筑由木骨柴承重，室内散列着几根木柱，四周的墙壁则紧密地排列着木杆，用编织和排扎的方法构成壁体。四壁不开窗，故在屋顶开有天窗，用以室内采光和通风。室内不见明显的围隔划分，基本以中前部的火塘为中心，以满足烧食和取暖的需要，一切活动都围绕着火来进行。这种室内的布局方式再一次说明，在较早的居住环境中，"火"对人类生存的意义至关重大。圆形房屋的结构方式与材料都与方形房屋类似。室内布局也以中前部的火塘为中心。因为是圆锥形房屋结构，室内有效空间比方形房屋要少，人们只能席地而坐，使用的坐卧具也仅限于动物的皮毛和植物的叶子。这是原始的生产技术条件所决定的。

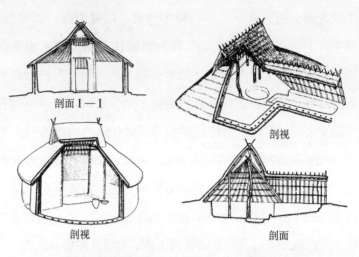

图5—17　西安半坡村原始圆　　图5—18　西安半坡村原始方形
　　　　　形住房复原想象图　　　　　　　住房复原想象图

　　根据《仪礼》所载礼节，推论春秋时士大夫的住宅，已基本确定为围合式，门开于正中，正对堂，堂为生活起居和接见宾客，举行仪式的场所。堂左右有东西厢房，堂后有室，为休息使用。居住环境为单位建筑、门屋、院墙组成，还没有形成多个建筑组合的院落建筑群（图5—19），但其室内空间划分根据实际需要已经十分的合理，空间进行了大胆的取舍，以便使用起来更有效率。至少在汉代，中国民间传统居住之所的合院式布局就已经形成并定形。根据汉墓的画像石、画像砖中可以清楚地看到这一点，无论是一字形、曲尺形、三合式、日字形，都以墙垣构成围合的院落，院落中的建筑主次分明、错落有致。

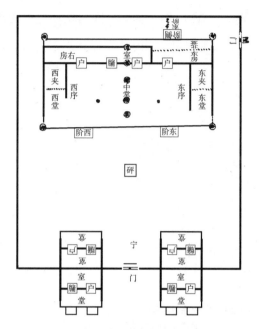

图 5—19　（清）张惠言《仪礼图》中的士大夫住宅图

中国民间的居住环境自形成之日起，就以一个基本不变的面貌延续了一千多年，其主要原因是由于礼制对它的制约。唐代就有明确的制度来限定民居环境："三品以上，堂舍不得过五间九架，厦两头门屋不得过三间五架；五品以上，堂舍不得过五间七架，厦两头门屋不得过两间三架，仍通作乌头门，六品以下，堂舍不得过三间五架，门屋不得过一间两架。非常参官，不得造抽心舍，施悬鱼瓦兽乳梁装饰。王公以下及庶人宅第，不得造楼阁临人家。庶人所造房舍，不得过三间四架，不得辄施装饰。"自唐代开始，以后各朝或松或紧皆有类似的规定，它从体量、型制、装饰、结构等各方面对民间居住环境中的建筑进行规定，实际上也间接地限定了室内设计的无限发挥和创造精神。

二　民风、民俗、民居

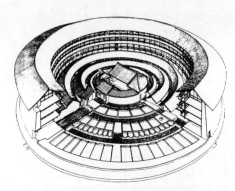

图5—20　福建永定县客家
住宅承启楼结构图

我国自古以来就是一个人口众多、地域辽阔的大国，众多的民族有着丰富多彩的民俗、民风，不同的民俗、民风及地理、气候环境的不同造成各地传统居住环境在气质、风格、品类上有很大差异。形成了中国传统居住环境千差万别的品类，其中有四合院、碉楼、蒙古包、干栏式住宅、围楼、承启楼（图5—20）等等，居住在广西、贵州、云南、海南、台湾等亚热带地区的民族，由于潮热多雨的气候，多采用下部架空的干栏式住宅，以木或竹为建筑材料。人居住在楼上就可以远离潮湿的地面，同时，下部又可用作牲畜圈、杂物室。轻便通透的结构有利于通风防潮，在干栏式住宅中，空间安排仍采用前堂后室的形式，堂以火笼和佛龛为中心，物质和精神功能得到双重的满足。

　　西藏、青海、甘肃、新疆及四川西部，因石材丰富，往往就地取材，住宅外部多用石墙，内部则以密梁构成楼层和平屋顶，以二层住宅环绕着一个小院。窑洞式居住环境，是河南、山西、陕西、甘肃等省的黄土地区特有的居住形式。黄土高原干燥的自然气候，黄土柔韧的物理性能，以及黄土厚层隔热防寒的特性，都使穴居这种原始的居住形式延续下来，并且得到了发展，黄土高原木材的缺乏和窑洞建筑省工省力的特点，也是窑洞得到广泛使用的原因。这种住宅的组合形式有时靠崖一字形排列，有时也在它前面建起地上建筑以围合出一个院落，也有方形下沉式，四面都有深入黄土的窑洞，窑洞这种居住形式与普通地上围合式民居的最大区别就是它使用的材料和加工方式有所不同。地上民居的建筑采用的是砌筑的手法，而窑洞式民居则是挖掘而成，窑洞式民居的优点是节省材料，缺点是室内通风透气及采光不太理想。窑洞建筑的平面布局有三种：一是单独的窑洞，二是多个下沉式窑洞围合成的有天井的窑洞院；三是地上房屋与窑洞的混合。第一种窑洞沿黄土峭壁开凿的穴居，入口附近用砖砌成半圆拱，用它来置门设窗，窑洞本身作狭长平面，面阔与进深的比例在1∶2至1∶4之间，这种比例根据穴居弧形天花的力学结构所定，与地上民居建筑的比例正好成反比。可以想见，窑洞室内的采光条件相对于地上民居来说要差得多，它仅在前部开门窗。

活动住宅——蒙古包，是草原游牧民族的居住方式。蒙古包的特点是构架轻便可以随意拆装，极易搬动，其圆径一般在三四米左右。室内以正中而置的火炉为中心，室内采光通风是通过顶部中央可以启闭的圆形天窗。为方便随时移动，蒙古包内的家具极少，仅有凳、小桌、小橱、箱子等小件家具，从来不设大的柜橱，这也是游牧民族的生活方式所限定的。蒙古包的室内装饰，多喜浓艳，熠人耳目，强烈、鲜明，反映游牧民族热情、勇敢、活泼的性格特征。另外中国北方地区气温变化鲜明，人们接触到自然界中春季的万紫千红，夏季的浓绿翁翠，秋天的枯黄落叶，冬季的白雪茫茫，受此影响，居住环境的室内装饰必是明艳、鲜明。通过从自然中悟出的用色原理，一切装饰，包括室内织物、家具图案、墙壁色彩，甚至是服饰，都大胆采用红、黄、蓝等原色，再辅以黑、白、金、银等中性色。这些都是北方草原民族居住环境中特有的装饰手法，反映其民族心理习俗的特征。其装饰图案的流动性和运动感极强，是马上民族游牧狩猎生活的展现。蒙古包内的家具体量虽较汉族家具为小，但在气势和造型、装饰上，体块雄厚、造型收放有力，色彩热情奔放。材料上以木材为主，有时还在上面装饰毛皮、毡毯等软性材料，或单纯为了追求表面效果，或为了封闭的作用。草原家具，形成了其风格独特的体系。

我国传统的汉族住宅，不管地域风格多么复杂多变，其基本形式皆为合院形式，无论是云南一颗印式住宅、北京的四合院、晋式的堡子等等莫不如此。这种合院，自汉代定型起，便几乎贯穿了整个封建社会的始终，无论南北东西，这种居住环境上围合的特征都十分明显。中国传统的居住形式为聚族而居，无论在城市，还是在乡镇，都喜欢以宗族为基本构成单位，共同居住，往往一族的人口达到成百上千人，故而民居建筑的密度可想而知。在旧的村镇中常见有一线天胡同，就是高密度居住环境的见证。高密度的居住建筑，其防火要求是非常重要的，因为稍有不慎，一家起火就可能殃及全族。居住环境设计上的防火措施之一就体现在围合上面，用高墙与其他建筑分隔开来是一种有效的防火方法。另外，在围合材料上讲究"外不露木，以资防火"，甚至在围合用的外墙上连窗子也很少开。偶尔开窗，也只开高窗，以防外人向内窥视。"围合"形式，也是中国传统保守思想在居住环境设计上的体现。

中国传统合院墙面的简化处理和高度围合，促使更加注重对内外联系的焦点——入口的重视。入口在风水上被认为是气口，即内外之气交流的地方，它的设置对整个家庭的吉凶祸福都有着至关重要的作用。大门的前面一般都要设置一面照壁，在风水上的用意是为了挡住外来的邪气，对家宅起到保护作用。从现代设计的方法来分析，照壁的作用，一方面，使外人不能够直接窥视院内的活动，给居住者一种安全感，另一方面，通过照壁的设置，使门前形成一个过渡性的灰色空间，既为来者起到了导引方向的标志性作用，又通过门前空间的界定，给居住者一种领域感。照壁的装饰是主人财力和修养的体现，是竖立在外的一面招牌。有钱人家总要把照壁建得豪华气魄，即使是一般人家也不遗余力。明清的照壁多用砖砌，一般用砖拼组成各种图案，有财力的人家，还要在上面装饰大量的砖雕，内容则以体现吉祥幸福、健康长寿、光宗耀祖等思想为主。

在礼制影响下，民居的平面设计中，存有一个所谓层的设计。这是多进式合院居住环境平面设计的最大特点。层主要通过路径和门的设置来体现，最常见的层的区分在于主人、客人、佣人都有不同的路径，而且等级森严不可僭越。层的平面设计观念是儒家礼制观念的反映。如在方形合院中，靠近中轴线的建筑采取严格的对称式布局。中轴线只有在正式场合下，主人及地位高的客人才有权力行走，在这里起作用的是屏门的设置。屏门是大部分多进式合院都设置的一种仪门，它设在垂花门内，垂花门为两层，外面一层是普通的双扇门，而里面的一层就是屏门。所谓屏门，就是指具有屏蔽和出入的双重功能的门，在不同的场合，它显示出不同的功能。一般屏门都正对厅堂，在平时，屏门都是关闭的，像屏风一样立在垂花门内，出入只走它并未封闭的两侧，而在正式举办礼仪的场合，就要大开屏门，以供主宾直线出入，显得十分庄重，表示对贵客的尊敬。

　　层的设计还表现在接近内部核心的位置，如厅堂和主人卧室。为不干扰主体空间的宁静，有钱人家多在主体空间的外围设狭窄的夹道，以供家中来往服务的仆人行走。从路线来明确主次、上下、里外，家中众人的活动范围受到"层"的限制，一般来说，男丁等粗使仆人不得入二门以内，家中佣人出入走中轴线两侧的偏门或后门，家中女孩不得走出二门。

　　中国传统民居一般都有明确的轴线，厅堂一般都位于中心轴线上。从平面的角度来分析，厅堂就显得十分重要，层的中心就是整个居住环境的权力中心——厅堂。厅堂空间在所有室内中最大，其装饰也最奢华。

　　合院式民居不但以层的方式组合，而且以层的方式扩张，因为中国传统居住形式以宗族聚落式为主。往往一个宗族成百上千人共同居住，形成庞大的居住群。随着宗族人口的增加，居住环境也以"层"的方式扩张出来。李允鉌在《华夏意匠》中就分析过这种扩张现象，并附了一张扩张图式，形象地表明了中国传统居住环境的生成方式。

　　与宫廷不同的是，在传统合院民居中，并不过分强调某一单体建筑，而是通过建筑的组合和各种装饰手法，来组合一个居住整体。远远看去居住群体给人的感觉是平缓、单调的天际线。

第三节　传统居住空间设计的分割手法

在谈到中国传统室内空间的组织和分割问题时，李允铄认为"中国建筑"积累了其他建筑体系所不及的无比丰富的创作经验，原因是"由于建筑设计与结构设计结合在一起而产生的一种标准化的平面的结果，室内房间的分隔和组织并没有纳入建筑平面的设计之内，内部的分隔完全在一个既定的建筑平面中来考虑"①。

图 5—21　清代住宅中明阁与次阁之间通过花罩分割空间

正因为中国传统建筑的木框架结构，除了围护用的外墙，室内并不需要承重墙体而给室内空间的划分带来极大的灵活性，对空间的再次限定是室内设计的一个重要方面（图 5—21）。室内木隔断，是指室内作间隔空间用的构造，一般把隔断分为以下几类：

---

① 李允铄：《华夏意匠》，295 页，香港，香港广角镜出版社，1982。

（1）里外完全隔绝的做法，如砖木竹等墙壁；

（2）里外半透明可随意开阖的，如格门；

（3）半隔断兼作陈设家具用的，如博古架或书架；

（4）仅作为不同区划的标志的，如各种落地罩、栏杆罩、花罩等；

（5）在炕上或床前作轻微隔断的，如炕罩；

（6）迎面方向固定的隔断而开左右小门的，如太师壁；

（7）开阖随意，内外可随时延连，如帷帐等。①

明清以来隔断的形式层出不穷，千变万化，由此把中国传统室内空间的分隔方式发挥到了极致，总括起来，主要的形式有以下几种。

一　格门

格门，也叫碧纱橱，是一种很见灵活性的活动隔断，一般用六扇、八扇等双数在进深方向排布。一色相近的格扇门很大气，其灵活性体现在遇有家庭、家族大型活动，如宴会等情况需要大空间时，或者因实际需要的变化而需对空间重新划分的时候，格扇可以随时活动搬移，在固定使用时，通常它的中间两扇像房门一样可以自由开关，并以此来决定室内空间联通与

---

① 参见刘致平：《中国建筑类型及结构》，79 页，北京，中国建筑工业出版社，1987。

否，在可开启的两扇上往往还备有帘架，可以根据不同的气候和使用情况来挂帘子。

关于格门在居室中的位置问题，现今学术界通常认为"在通进深的部位"安置。事实上，这只是我们所常见的一般的（或简单的）布置方式，在传统民居中对它的设计要比这复杂得多。《红楼梦》对怡红院用隔断分隔空间的描绘最为详尽："只见这几间房内收拾的与别处不同，竟分不出间隔来。原来四面皆是雕空玲珑木板，或'流云百幅'，或'岁寒三友'，或山水人物，或翎毛花卉，或集锦，或博古，或万福万寿各种花样，皆是名手雕镂，五彩销金嵌宝的"。"或有贮书处，或有设鼎处，或安置笔砚处，或供花设瓶、安放盆景处。其各式各样，或天圆地方，或葵花蕉叶，或连环半璧。真是花团锦簇，剔透玲珑。倏尔五色纱糊就，竟系小窗；倏尔彩绫轻覆，竟系幽户。且满墙满壁，皆系随依古董玩器之形抠成的槽子。诸如琴、剑、悬瓶、桌屏之类，虽悬于壁，却都是与壁相平的。……贾政等走了进来，未进两层，便都迷了旧路，左瞧也有门可通，右瞧又有窗暂隔，及到了跟前，又被一架书挡住。回头再走，又有窗纱明透，门径可行；及至门前，忽见迎面也进来了一群人，都与自己形相一样——却是一架玻璃大镜相照。及转过镜去，益发见门子多了。……又转了两层纱锦橱，果得一门出去。"① 这里将隔断与书架、门窗、博古架有机地组合在一起，把灵活性发挥到极致。这里隔断不但用来营造空间，而且用作展示道具。

格门式隔断是传统居住环境中较为常用的空间分割类用具，无论是南方室内格门的工整细腻，还是北方室内格门的疏朗大气，通过它与周围环境产生的轻重、浓淡、虚实的对比，造成中国式的室内装饰美感。

二　罩

罩不像格子式隔断那样可以开启闭合、拆卸自如的封闭式结构。罩，对空间的划分是真正意义的象征性的、心理（感觉）上的限定，而并不是真正围合一定的空间。罩的形式有许多，如天弯罩、几腿罩、落地罩等等，它们的共同点是有三面围合，即上与天棚连接，左右与柱式墙连接，虚其中而余其下。"这种分隔的限定度很低，空间界面模糊，但能通过人们的联想和'视觉完形性'而感知，侧重心理效应，具有象征意味，在空间划分上是隔而不断，流动性强，层次丰富，意境深邃。"更具装饰性，有一种朦胧的美。

罩在南方住宅中多用，因为过分开敞的空间效果在需要保

① 曹雪芹：《红楼梦》，第三册，238～239页，北京，人民文学出版社，1982。

持室温的地方并不适用，而更宜于湿热的南方。

**图 5—22　北京故宫坤宁宫中
的床及床罩**

罩更重于装饰性，往往用于富豪士绅的住宅，至于贫寒人家则很难在此耗费财力。对于豪门的大型厅堂，其主要功用是礼仪空间，这种空间不是为了日常起居，而是为一定礼仪场合而备，既要求具有一定的面积，又要使空间适宜于人的尺度，正是罩的运用，使空间在整体上连而不断，同时增加了空间的层次感，其装饰性内容使人感到亲切，把开敞的室内分割成人在心理上能够接受的宜人尺度，倍增亲切之感（领域感），起到了充实、丰富空间的效果又极富流动性。用它划分的小空间，通过家具陈设的不同而有不同的效果（图 5—22）。

炕罩，为北方人在火炕上所用。明清时期，"罩"发展成为室内设计中颇为重要和颇为流行的设施，有时在小的空间分隔上也使用罩，如炕罩（或者说床罩）。罩与其说是用来划分空间，倒不如说是用来示意空间。因为在传统的中国室内设计观念中，大部分的室内空间是要求过渡而不是要求作绝对的划分，这一观念一直影响到现代的室内设计观念，有学者认为主要原因并不是一种巧合，或者取得一致的美学理论，而是二者同时都是基于"标准化"的平面以及框架式结构的共同条件下的产物。

三　博古架和书架

博古架也称"多宝格"、"百宝架",这种形式的家具或称隔断,在清代十分盛行。就其本身来说,它的功能是陈列众多古玩珍宝的格式框架,但因其形式的通透性,尺寸的灵活性及作为整体所形成的极强的装饰性,可适应室内环境的不同而作适当的调整,在清代,它已成为分割室内空间的一种屏蔽形式。从博古架的名称和样式可知,它最初的主要功能应该是为了陈放古董一类的工艺品,如瓷器、铜器,木器等等,它分格的大小,依据陈设物品的尺寸而定。为整体的协调,微型博古架,尺寸不过一尺左右,放于案头作为摆设,从它所陈设的物品便可推知能够拥有它的主人不是俗人。博古架的材料往往多用较珍贵的硬木,工艺较精细,形式也比较有品位,它本身的形式和陈列的物品是主人品位的反映,也构成了室内最好的装饰。

利用它玲珑剔透的特点和形式上的美感而用作室内隔断不知始于何时,这应该说是一个伟大的创举,也是隔断中具有实用性的形式。

多宝格在设计上形式多变,根据它摆放的位置和陈设的物品

雅室·艺境：环境艺术欣赏

而绝不雷同，当靠墙摆放时，仅具实用性和装饰性，是室内的一个背景，它的整体形状多为简单的方形，尽量减少占据的空间，更多容纳物品，单面装饰；当立于室中兼具隔断功能时，形式变化会更加多样，有时用两个组合，之间设门洞，两面当对称性雕饰。门洞设于中间或是一旁，有圆形、方形、瓶形等多种形式。

书架作为分隔的方式与博古架有共同之处，都具有实用性的特点，不同之处，是书架在设计上更加注重整体性，以书籍为主要装饰，体现内在风雅而非表面的阔绰。

四　屏风

图5—23　北京故宫长春宫内屏风

屏风是一种最灵活单纯的隔断（图5—23）。从古代遗留下来的典籍文献以及图画中的形象表明，中国建筑最早用于室内空间分隔的设施不是属于建筑的某种构造，而是活动性的帷帐、帷幕和屏风。其中屏风是最具装饰特征的陈设。"屏"，也可以说是一种行为方式。它最初的本意是有所选择地把人们不想接触的东西挡在外面，或者把不想泄露的东西护在里面，"屏"

最早代表的是"隔断"的意念，也可以说"隔断"不过是发展了"屏"的含义。在生产力条件不高的远古，选用灵活方便的"屏风"作分隔室内的家具是自然而然的事情。屏风形式的发展经过了立屏、折屏、围屏、挂屏、小观赏屏、微屏的过程。"屏"的观念已经逐渐减弱，因为室内其他隔断设施已丰富起来。各种罩、折屏等较为固定的隔断的出现，多少代替了屏风的位置。

"屏"反映的是中国传统空间观。用在室内是屏风，用在室外是照壁。在传统设计观上认为空间不是孤立、封闭和静止的，它总在特定环境中，和周围其他空间进行联系和交换，并在联系和交换中舒展自己的个性，充盈一种活力。"屏"正是达到这种虚幻之美、流动之美的最好方式。

第四节 传统室内空间的几种类型

一 厅堂

厅堂是中国传统建筑中重要的室内空间，"古者之堂，自半之前，虚之为堂。堂者，当也。谓当正向阳之屋，以取堂堂高显之义"①。传统厅堂的功能与现代居室中的起居室有相似之处，是会客的礼仪场所。自古以来，中国人以高堂大屋为居住的理想形式，所谓"堂之制，宜宏敞精丽"②。传统厅堂空间讲究空旷高大、庄严神秘。是聆听圣喻、借鉴教化、行规立矩之所，神性化的空间，体现祖神的神圣与伟大、教喻，就连壁上的条幅也是祖先的谆谆告诫。实际上，厅堂礼仪行为的主体是以宗法伦理为支撑面的宗教，它在家族乃至家庭之中牢牢占据着统治地位，厅堂绝对强调长幼、上下、尊卑、亲疏的等级差别。在居住环境的厅堂中，中轴线上祖宗牌位的设置、祖宗画像的悬挂、左右对称的家居陈设，都是伦理观念在空间的具体体现。因此，厅堂空间的性质为礼

① （明）计成著，陈植校注：《园冶》，83页，北京，中国建筑工业出版社，1981。

② （明）文震亨著，陈植校注：《长物志校注》，72页，南京，江苏科技出版社，1984。

仪空间，礼仪的性质决定其功能如礼拜、会客、宴请、红白喜事等等（图 5—24）。当然，一般的厅堂并不能具备所有功能，而要根据自身条件有所选择（图 5—25）。

图 5—24　山西祈县乔家大院二号院喜堂

厅堂一般有两种类型：正规礼仪厅堂和起居厅堂，因而有不同的平面布局，一般由一个中心区和两个辅助区组成。

图 5—25　新疆民居厅堂内景

（一）正规礼仪厅堂

礼仪厅堂的中心区位于中轴线上，由供案、方桌、靠背扶手椅组成，是整个厅堂中的重点。如果兼备祭祀功能，祖宗牌位的设置必不可少。祖宗牌位设置方式有两种：最为讲究的，是在北墙设一个神龛，内置祖牌或祖像，只有在祭祀时才敞开龛门。龛门的设计往往仿照隔扇或格子门的式样，使它们遥相呼应造成室内设计的整体感。同时，由于它所处的中心位置和本身的礼仪作用，在制作上更为小巧精制而装饰上朱漆描金，以示隆重，烘托厅堂庄严的气氛。不设神龛的厅堂则把祖牌或祖像直接放在供案中的供橱中，这是一种比较简单的处置方式。

1. 供案

厅堂中陈设的家具典雅庄重，严格呈中轴对称式布置，以示隆重气派。沿着中轴线，视线和注意力一定会被礼仪空间中最大最豪华的供案所吸引。供案的物质功能与其他案，如书案画案等一样，都是通过案板起到承托作用。但由于场所不同以及与人的关系的不同，其体量、造型式样独具特色（图5—26）。

图5—26 福建古田利洋花厝厅内供案

　　案，在产生之始便与礼器直接相关。周代后期才有案的名字出现，而此前与之相似的是礼器"俎"，可以说俎为案之始祖。从战国到秦汉，出土了许多漆案，说明案已在人们生活中普遍应用。但这时案的高度在 50cm 以下，适应着人们席地而坐的生活方式。因而，运用在腿足上的造型和装饰手法有限，仅有疏条、三弯、云板等。从汉代开始出现翘头这种案板处理手法。翘头是案类家具及后来的橱类家具所常用的装饰，翘头的运用一方面使平坦的板面增加生动的变化，另一方面，又是防止案板上陈设物滑落的一种措施。发展到后来，这种中国特有的造型已千变万化，其造型与装饰也随使用场合的不同而异。

　　从尺度上就能判断不同场合使用的案。厅堂供案的尺度在所有案中独占鳌头，它的长度由所在厅堂正中开间的宽度来决定，一般为 3m 左右，只略小于开间宽度。这种长度可令其重点装饰的翘头、束腰、腿足成为设在它前面的方桌及两把椅子的可见背景。供案的高度较其他类型的案（如条案、画案等）要高出 10cm 左右，整个高度约有 1m 至 1.2m，从而高出前景桌椅。它的宽度为 0.5m。供案是厅堂中体量最大的家具。从造型上看厅堂供案的主要造型有：

　　(1) 翘头、高束腰、三弯腿、外翻马蹄型供案。这类供案设计重点在翘头和腿足。与一般的翘头案相比，供案翘头的尺度大得有些夸张，映衬出飞动有力的气势。翘头的造型最为丰富多样，有卷云纹、灵芝纹、涡形纹、钩形纹等等。收分有力的三弯腿有象鼻形、卷珠形、卷草形等等，这种类型受佛教影响较大，犹有唐风，唐画《六尊者像》中的供案的造型特点与之相似，它们随同佛教的传播而遍及南北寺院，明显有西方文化的痕迹。

（2）无束腰、有挡板、带拖泥供案。这类供案的案板多数没有翘头，其装饰重点在于挡板和牙板。挡板镶于前后两腿之间，有雕刻板心式、有圈口式。装饰手法有玲珑剔透的透雕，也有浅淡清新的剔地浅雕，或缠曲盘绕，或舒展自如。图案装饰极为广泛：常用的瑞兽纹样有凤鸟、螭龙、大象、麒麟等；植物纹样有灵芝、卷草、梅花、菊花等；吉祥文字有福、寿、吉等；其他还常用云纹。

（3）带足托、有横撑、无拖泥供案。此类为供案中造型装饰最简洁的一种，但因结构科学合理而广受学者称道。这种类型的供案多出现在江南民居的厅堂中。

2. 方桌

方桌，作为神与人之间的一种过渡，又是室内主要的实用家具。《历代社会风俗事物考》中谓桌子之名最早见于北宋真宗咸平景德年间（998—1007），"桌"用"卓"字，言其"卓卓然而高可倚也"，明确指出桌与人直接接触的相互关系，或者可以这样认为，案是神性的产物，而桌则是为人而设计，桌可以放在厅堂中，也可以放在厨房中。从结构看，桌与案相似，桌必须保证一定的高度，而且这个高度要与人的尺度相适应，即桌面对人体有支撑作用，所以外表看长桌、方桌、书桌、炕桌相差很大，但都称之为"桌"。案是为神设计的，它更具礼器的特征，案总是出现在比较正式的场合，虽然也是案面起盛托作用，但并不和人直接发生接触，后来产生的画案，也是受桌类家具的影响，从为神所用转向为人所用。案类的出现比桌类要早，但案类家具生活化却比桌类家具要晚，故而，案类家具材质和装饰的格调远远要高于桌类。

方桌体积不大，但占用空间较多，故而多用于辅助空间如厨房、餐厅、庭院中，正是由于方桌的体量，使它极少置于卧室、书房、绣房之中。方桌用于主要空间仅见于厅堂，和供案相比它的体量更为宜人，并且与人身体直接接触，是一种人性化的设计，否则坐在高大辉煌的供案神龛背景前面，即便是主人也会不知所措。其方形体也符合厅堂庄严的气氛，无论用圆桌还是扁桌都不合适。在这里桌有两种作用，一是主人和客人凭依，且桌面可放置随用之物，如茶杯茶碗；二是必要时，如在厅堂设宴，它也可兼作饭桌。厅堂中的方桌与其他场合中使用的方桌的区别在于，它的用材讲究，多用主人财力所能及的最好硬木，造型稳健大方、舒展有力，装饰手法细腻，工不厌精。桌面一米见方，使主客之间有一个比较理想的社交距离。1m的桌宽加上两个0.5m宽的座位，共有2m，恰与3m左右的供案相匹配。

3. 厅堂中的椅

堂中的椅子，如清代太师椅，和平常椅子相比要大一些。文震亨《长物志》中记载："椅之制最多，曾见元螺钿椅，大可容二人，其制最古。乌木嵌大理石者，最称贵重，然亦须照古式为之。总之，宜矮不宜高，宜阔不宜狭，即此。"太师椅常成对设于正厅最显要之处，不但体量高大、厚重、重装饰，作为"礼"的代表，在正厅众多椅中的地位最高。

4. 厅堂中的其他饰物

在居室的陈设中，还有帽架等物。帽架的产生与古人的生活方式中着衣带帽的方式有关。帽子是人在社会上地位的标志，而格外受到重视。

元明清时，帽架有三种形式，早期用置于桌案上的帽架，见山西大同金代阎德源墓出土的竹木帽架，高140cm，见方34cm，由底部卷草头十字撑架和上面的弓形帽子撑组成。此帽架从大小上来看是实际生活中的尺度，出土时位于棺床西边的供案上。明清以后有两种形式：一是钉在墙面上的木质帽架。木帽架，则适用于多种场合，如厅堂两侧墙，卧房，书房，一般设于入口处方便取放的地方。还有一种是放在厅堂供案上的圆筒形的瓷质帽架，瓷帽架高 30cm 左右，直径约 10cm，成对放在供案上，一般为贵客放置帽子用，寒暄之后，客人可以脱下帽子，支在瓷帽架上。另一方面，瓷帽架本身装饰精美，纹饰多样，本身也是厅堂的点缀品。入清以来以五彩居多，几乎是家家必备的物品。

5. 厅堂中的灯具

厅堂灯具是室内陈设的重要组成部分，有多种形式：

(1) 落地高型灯架：放在开敞、空旷的空间中，不需要另外的承托类家具来增加它的高度，而装饰精美的高型灯本身也成为室内一景，烘托室内气氛。从单体造型上看，它纤细、挺拔、底座稳定，有一种向上的庄穆感，与矮型灯架那浑朴的家居风格有别，正是"灯烛辉煌，宾筵之首事也"（李渔）。优点在于可调节高度便于修剪。高大的厅堂需要较高的灯架才能烘托出气氛，但是过高的灯头往往会造成难以修剪。山西的高型落地灯的高度多为可调节型，在立架上用木楔子来调节，即便是较矮的家人也不至于被剪烛所难倒。

(2) 悬灯：主要用于厅堂和室外庭院、门口。李渔在《闲情偶记》中曾记述厅堂中的悬灯造成的苦恼："大约场上之灯，高悬者多，卑立者少。剔卑灯易，剔高灯难。非以人就灯而升之使高，即以灯就人而降之使卑，剔一次必须升降一次，是人与灯皆不胜其劳，而座客观之亦觉代为烦苦，常有畏难不剪，而听其昏黑者。"常剪才能使之光亮。李渔创制的梁间放索法，来升降悬灯以便于剪烛"灯之内柱外幕，分而为二，外幕系定于梁间，不使上下，内柱之索上跨轮盘。欲剪灯煤，则放内柱之索，使之卑以就人，剪毕复上，自投外幕之中，是外幕高悬不移，俨然以静待动"。

（3）羊角灯：是传统灯具中的特殊品种。为椭圆造型，此灯表面效果透明光润，灯壁薄如蝉翼。尽管羊角灯看起来与玻璃灯极为相似，但它是用羊角这种特殊的材料吹制而成，故而其分量要比后者轻许多。从实用性上来说，羊角灯的透光率是除了玻璃和水晶以外最高的。羊角灯的制造工艺复杂，灯架穿以华丽的彩珠璎珞，为灯中佳品，常用于厅堂或庭院中。

（二）起居厅堂

有起居功能的厅堂，主要为家族或家庭内部使用。《红楼梦》第三回林黛玉进荣府时写道："黛玉便知这方是正经正内室，一条大甬路，直接出大门的。进入堂屋中，抬头迎面先看见一个赤金九龙青地大匾，匾上写着斗大的三个字，是'荣禧堂'，后有一行小字：'某年月日，书赐荣国公贾源'，又有'万几宸翰之宝'。大紫檀雕螭案上，设着三尺来高青绿古铜鼎，悬着待漏随朝墨龙大画，一边是金彝，一边是玻璃。地下两溜十六张楠木交椅，又有一副对联，乃乌木联牌，镶着錾银的字迹，道是：'座上珠玑昭日月，堂前黼黻焕烟霞'……原来王夫人时常居坐燕息，亦不在这正室，只在这正室东边的三间耳房内"①。

　　起居厅堂在布局上与正规礼仪厅堂的区别是：省去一系列祖容、祖像、神龛、大供案等祭祀用具。仅余方桌双椅，或换成坐榻，在功能上更加生活化。为了添补省略祭祀用具所造成的苍白，起居厅堂中往往设有大型的背景图式——屏风。

　　折屏，以三折、五折最为多见，占地面积较大，体积也较大，一般为富贵人家设在厅堂作为背景，成为身份、地位的象征，同时也是规划等级路线的一种手段。因为折屏后面一般是厅堂的后门以供家人随时出入，并不会影响到前厅。硕大的折屏立在厅堂正中，成为肃穆的背景，容易烘托出正式的气氛，在它面前陈设八仙桌和对椅或榻，成为正式会客的场景，又遮住相对厅堂空间来说破坏整体效果的后门。所以它的功能：（1）烘托气氛，制造中心景观、净化背景；（2）规划出室内交通路线，减少正门的流动量，以免影响室内气氛，同时成为主要环境景观。折屏是活动屏风中档次较高的一种，无论是在上面雕琢刻镂，还是浅描轻画，它都能赋予室内环境一种或豪华庄重或恬淡幽雅的气氛，它的细致绝非清水砖墙或抹灰墙面

---

① 　曹雪芹：《红楼梦》，第一册，44 页，北京，人民文学出版社，1982。

可比。

位于厅堂这类中心区两边，是所谓的人性化的辅助区，其设计和陈设由对椅、方桌、条案、花几、挂屏等组成，形成秘密会客小空间。与中心区相比，它更具亲密性和随意性。故而处处体现人性化的设计。在这里，坐椅之间不再有严正的方桌，取而代之的是小巧的茶桌，祖先告诫的条幅变成主人喜爱的艺术挂屏。辅助区椅子之间夹着茶几，两两成对，多具排列，为清代流行的布置方法。

二　卧房

卧房是居住环境中的休息场所，因为地域气候环境的不同，南北方卧房的设计和陈设差异较大，南方主要的卧房以床为中心，北方则以火炕为中心（图5—27）。

图5—27　山西祈县乔家大院二号院居室

（一）床

卧室作为秘密性的休息场所，卧具构成了其室内用具的主体。明清时卧室的床具发展成为两种形式，一种是四柱式或六柱式的架子床，架子上可以根据不同季节围合不同材料的幔帐，床顶部有承接灰尘的顶盖——仰尘。架子床是卧室中最基本的床具。另一种床具是拔步床，之所以如此称呼是因为此类床下部带有与床体同大的托座，必须拔足才能上床，故名之。拔步床的内部比架子床要复杂得多，床前面留有一块空间可以放置梳妆台、板凳、烛台，甚至于便盆，四面放下幔帐，便成为独立性很强的"屋中之屋"，一应需要都可以在内部解决。从使用功能上可以看出，拔步床占用空间相对更多，必须有足够的卧室空间才能相容，故一般为富贵人家所使用。

南方卧房的床具一般都设于卧室最暗的角落，这与"暗室生财"的传统思想有关。据说家中的财神就躲在卧房的最暗处，故卧房的主体——床，便设在那里，以使家中财运兴旺。床具绝不会设在门窗等通风透气的地方，从室内聚光及空间的流动性的角度来说也是有利的。

床内的空间毕竟狭小，在设计上通透是十分重要的，无论是架子床还是拔步床都少做整板的围合，一般只用棍格拼出一些图案装设在床柱之间，有时也在床沿或仰尘下沿装设小块浮雕或透雕挡板。即便如此，为了提高床内空气质量，床内还是要悬挂一些香囊、香袋，这一点与北方的火炕不同。

（二）火炕

火炕是北房卧室的主体，日常活动主要在火炕上进行，故炕的面积很大，有时竟占卧室面积的三分之二。人的日常活动主要在炕上进行，炕上再辅以其他的家具，如炕柜、炕桌、炕案等。地上则有躺箱、橱柜、桌椅等大件家具。《红楼梦》第三回中这样描写王夫人的卧房："临窗大炕上铺着猩红洋被，正面设着大红金钱蟒靠背，石青金钱蟒引枕，秋香色金钱蟒大条褥。两边设一对梅花式洋漆小几。左边几上文王鼎匙箸香盒；右边几上汝窑美人觚——觚内插着时鲜花卉，并著碗痰盒等物。地下面西一溜四张椅上，都搭着银红撒花椅搭，底下四副脚踏。椅之两边，也有一对高几，几上茗碗瓶花俱备。"①

从设计上看，北方的炕上家具早已形成固定的家具系统，主要有：炕橱，沿炕上两侧而立，明代早期较矮，翘头案状居多，内设屉，案面上可横陈被褥等，以后渐次增高至清晚期多见高大的炕柜，一应存放物品皆不多露或设屉、幅，屏以玻璃门；炕桌，置于炕上或榻上；炕屏，卧室、厅堂、书房皆用，

---

① 曹雪芹：《红楼梦》，第一册，45页，北京，人民文学出版社，1982。

放在炕上或床榻之类的卧具上。五代以前屏与榻连在一起，并不分开，起到遮挡的作用，营造宜人的空间。但屏与榻连在一起毕竟不很方便，体量也太大，后来分开，但功能不变，灵活性增大。从屏之祖黼起，它的形式并没有多大变化，主要构件是垂直于地面的屏板加底座或屏足，只是功能上，从礼器完全转为生活化的陈设功能，以木屏多见，芯板或整块板，或木龙骨外加薄板，最外层多有彩绘或裱画幅。

（三）其他家具

卧房中放于床、炕以外的卧室家具，包括衣架、盆架、巾架、镜台、柜橱、条桌案、屏风等。

1. 衣架

衣架是用来悬挂衣服的架子，一般在卧室中沿靠门的墙面设置。衣架的基本型制由两侧立柱、横杆、挡板和底座组成。横杆用来搭挂古人的长衣服，横杆前端出头，雕刻有龙凤头或灵芝、云头等装饰。横杆下面的挡板的主要功能是固定和装饰，其装饰手法多用透雕和镶拼。

2. 巾架

巾架的型制与衣架相似，只在体量上小一些。其功能是用来搭晾毛巾，有时也用来挂衣。巾架的使用不如衣架广泛，因为衣架和盆架都可以代替巾架的功能。

3. 盆架

盆架是用来承托盆类的架子。盆架平面的基本形式有十字形、米字形和圆形。前两者分别是四腿和六腿，每条腿上端均雕饰莲花头一类的装饰，架上座有脸盆。还有一种带有巾架的盆架，其放盆的部位与简单的盆架相同，只是有两相临的两条腿向上延伸成巾架。这种盆架的制作工艺相对要复杂一些，属于盆架中的高级品种。

4. 镜台

镜台是卧室中必不可少的妇女梳妆用具，一般设于卧室桌案上。其形式有三种：小方匣，正面双开门，里面有抽屉数个用来装化妆品和首饰。匣顶可以向上翻盖，内有支架平卧，支起45°角再装上镜子就可以梳妆。平时放下支架，把镜子盖在里面，外面关门上锁，十分的安全。座式镜台，其形式如同宝座式，三面靠背透雕或浮雕或复杂的装饰纹样，座中斜支镜子。座下设有长抽屉用来装化妆品和小件首饰。支架式镜台，是镜台品种中最简单的形式，仅有一个可调节斜度的支架，架上有透雕或镶拼图案，支架式镜台不设存贮空间，其功用十分的单纯。

5. 橱柜

橱柜类存贮家具是卧房的必备品，设在卧房中的柜多为方脚柜，其体大能贮。方脚柜的特点是以方材做框架，造型方正，便于两柜并列，这种柜大多成对摆设，上面再加两件小方柜，俗称"四件柜"是卧室中最实用的存贮类家具。圆脚柜，也常用于卧房中，它的四框外缘皆打圆，足部亦成圆杆状。圆角柜的特点在于侧脚出分明显，造型收分有致，挺拔有力。对开门，内部设抽屉和隔板。大件和小件可分类存贮其间，十分方便。圆脚柜在造型上比方角柜显得灵秀，做工上比方脚柜精细，用料上比方脚柜讲究。总之圆脚柜的品质较方脚柜高，常受到文人的喜爱，有时也放在书房之中。

6. 闷户橱

闷户橱的型制与桌案相仿，在功能上有所发展，即在案面下设有抽屉，根据抽屉数目的不同，有联二橱、联三橱等。闷户橱的一大特点是抽出抽屉，下面还有闷仓，内部可以存放一些不太常用的物品。平时抽屉上锁，十分安全，闷户橱的名称也是来源于此。在外观上闷户橱极具中国特色，它的四腿明显的侧斜，案面两边有时还有翘头，用在卧室既实用又美观，一向为人们所珍爱。

7. 箱

箱也是卧房中陈设的存贮类家具，其体量有大有小。李渔在《闲情偶记》中说到箱为"随身贮物之器，大者名曰箱笼，小者称为箧笥"，制作箱类家具的材料"不出草、木、竹"三种；其连接材料"不出铜铁二项"；箱类的审美以光素为上，李渔以切身经历做出以下评述："予游东粤，见市廛所列之器，半属花梨、紫檀，制法之佳，可谓穷工极巧，只怪其镶铜裹锡，清浊不伦。无论四面包镶，锋棱埋没，即于加锁置键之地，务设铜枢，虽云制法不同，究竟多此一物。譬如一箱也，磨砻极光，照之如镜，镜中可使着屑乎？一笥也，攻治极精，抚之如玉，玉上可使生瑕乎？"大箱在卧室中沿墙而设，位置十分稳定，根据使用情况，有时也兼具坐具的功能，是实用性很强的卧室家具。

三 书房

书房是反映士大夫意念和理想的寄托及封建社会等级差别的地方，亦是其修身养性、钻研学问的地方。所以，书斋可以说是文人的生命。无论是在文人的园林中，还是在文人的居所中，书斋的地位仅次于厅堂。它既是主人私密性的个人空间，也是携一两高朋知己畅谈论艺的场所（图5—28）。书斋的设计多简洁、素朴大方，明文震亨在《长物志》中说到书房的布置"几榻俱不宜多置，但取古制狭边书几一，置于中，上设笔砚、香盒、熏炉之属，俱小而雅"。这是文人的追求，明版小说《水浒》插图中的书房布置为一床、一衣架、一长桌、一画案、二椅，案旁置一炭炉取暖，桌上有台烛、古琴、文房用品等，与

《长物志》记载差不多。

书斋有时也兼当卧房，所以室内空间灵活随意，大多不作严格的划分。书房家具主要有：

1. 书架

承载书籍的家具称为书架，最早的书架不知起于何时，目前能够看见较早的书架的形象资料是北宋山西高平开化寺壁画中的书架，为开敞的多层格架式，格板分

图 5—28　《红楼梦》插图中的
书房陈设

布均匀，大约为方形，内置书籍，卷轴，器玩等；足部为纵向边方柱的延伸，没有任何多余的装饰；式样简洁大方，与现代风格的书架极似。书房室内装饰重点在于通过书籍体现主人的文化品位和理想情操，因此书架是传统家具最简朴素雅、不事修饰的一类，恰合书斋幽雅的书卷气，作为书房中首要的集功能性和装饰性于一身的家具，历来受到文人的重视。明代文人文震亨谈到对书橱的型制的看法："藏书橱须可容万卷，愈阔愈古。惟深仅可容一册，即阔至丈余，门必用两扇，不可用四及六。小橱以有座者为雅，四足者差俗。即用足，亦必高尺

余。下用橱殿，仅宜二尺，不则两橱叠置矣。橱殿以空如一架者为雅……"①

2. 罗汉床

罗汉床是书房中常用的休息用具，所用材料为竹或木。三面设矮屏，无立柱，设于书斋可以午睡倦息。榻上适宜于摆设靠几或布制扶手来作为依靠，有时还在榻前置脚踏来搁脚。

3. 亮格柜

亮格柜是集柜与格功能于一身的书房用家具。它的上部有开敞的空格，正面和两侧装壶门牙子，有时还设有围栏，其内部功能是用来陈设古董珍玩；下面为对开双门，内装搁板和抽屉，内装卷轴字画、印章小件等。它的造型雅观，功能合理。

4. 书桌、书案

书桌、书案也是书房的必备之物。桌与案是居住环境中常用的品种，随着它们所用的空间的不同，其风格相差明显。书桌和书案是最能体现文人审美特点的一类家具，与陈设在厅堂中的供案和方桌不同的是，书案、书桌体量纤秀，线条流畅，不是为了装饰而装饰，而是注重家具木材本身的质感和美感。

---

① 文震亨著，陈植校注：《长物志校注》，238 页。

5. 其他

文房的设计除家具外还有不少小件器具是书房标志性及必备的物品，如文房四宝等。古人云："笔研精良，人生一乐。"其品种有文具匣、研匣、笔格、笔床、笔屏、图书匣、书灯等等，不一而足。在此不再赘述。

总之书房的布局自由适意，不受"礼制"的束缚，其室内陈设简单素朴、毫无世俗之气；再加上室外茂林修竹，营造出一个静雅脱俗的宜人空间。

第五节　中国传统环境艺术设计与设计艺术观

中国的环境艺术设计有着悠久的传统，这一传统是由丰富的设计实践和深刻的设计理论、观点所组成的，本节试图从明清环境艺术设计及其思想的分析入手，阐述其内在的文化意识和精神，这种文化意识和精神是我们民族艺术设计的财富，并对当下的"装修文化"乃至环境艺术设计有启示作用。

一　"宜设而设" 与 "精在体宜"

在明清有关设计的论述和笔记中，"宜"是一个核心的概念，又体现着一种价值的标准。如计成在《园冶》中提出造园设计是"巧于因借，精在体宜"；李渔在《闲情偶寄》论述有关建筑、造物、陈设时亦以"宜"为准则，如"制体宜坚"、"宜简不宜繁"、"宜自然不宜雕斫"、"因地制宜"等；文震亨在《长物志》中亦强调"随方制象，各有所宜"。"宜"在诸家之论中，有共性的一面，又有不同的层次区别。大致可以分为三类：一是因地因人制宜；二是宜简不宜繁；三是宜自然不宜雕斫。因地因人而制宜，属于及物层面，是艺术设计中实用的基本层次；宜简不宜繁提供着某一审美的向度和形式选择；宜自然不宜雕斫，则趋于某种独立的精神追求与人格建树。这三例又几

乎形成中国传统室内外艺术设计的基本精神构架，具有历史的
和现实的意义。

1. 因地因人制宜

计成提出的"巧于因借，精在体宜"，因借是方法，是程
序，而体宜是目的，是结构，是最终设计价值的体现。"因者，
随基势之高下，体形之端正，碍木删桠，泉流石注，互相借资，
宜亭则亭，宜榭则榭，不妨偏径，顿置婉转，斯谓精而合宜者
也。"① 因借是两种不同的方式，一主内，一主外；在内部的设
计上，须循形而作、因势而为，无论偏径婉转还是亭榭顿置，
要在"精而合宜"。精，有精明、高明至巧之意，又有精确、精
练趋神之蕴，虽如此，尚不足为范，而须"相宜"，宜是现实层
面根本的、核心的所在。在《园冶·装折》中，计成提出："凡
造作难于装修，惟园屋异乎家宅，曲折有条，端方非额，如端
方中须寻曲折，到曲折处定端方，相间得宜，错综为妙。"既要
曲折变化以利活泼灵动，又必须有内在的一致，即整一性；既
端方周正、齐整一致，又有变化活泼之态、错综巧妙之势，以
至"构合时宜，式征清赏"，关键乃在于一个"宜"字。

"随方制象，各有所宜"是文震亨在设计上提出的一个总原
则。如山斋的设计，"宜明净不可太敞。明净可爽心神，太敞则

---

① 计成著，陈植校注：《园冶》卷一。

费目力。或旁檐置窗槛，或由廊以入，具随地所宜"①。山斋之宜是随地之宜，堂之宜则是功能之宜，不片面追求高大宽广，要在适宜，其宜即适用之宜。李渔说得更为明确："人之不能无屋，犹体之不能无衣。衣贵夏凉冬暖，房舍亦然。堂高数仞，榱题数尺，壮则壮矣，然宜于夏而不宜于冬。登贵人之室，令人不寒而栗，虽势使之然，亦寥廓有以致之；我有重裘，而彼难挟纩故也。及肩之墙，容膝之屋，俭则俭矣，然适于主而不适于宾。……吾愿显者之居，勿太高广。夫房舍与人，欲其相称。"② 可见，"宜"的着眼点是人的实际可行的生活内容与尺度。

从为人的设计而考虑，有共性之宜，亦有个性之宜。共性之宜是人普遍能接受的东西，不受贫富贵贱的制约，如李渔言："人无贵贱，家无贫富，饮食器皿皆所必需"。在实用功能的需求上无论贵贱是同一的，在用物上有精粗之分，但无贵贱之别。个性之宜则是因不同的设计使用对象而表现出的不同审美趣味和品格，明清设计家们将这种个性之宜形成的原因大致划分为两方面：一是贫富贵贱，所谓"简文之贵也，则华林；季伦之富也，则金谷；仲子之贫也，则止于陵片畦"③。简文帝身为国

---

① 文震亨著，陈植校注：《长物志校注》卷一。
② 李渔：《闲情偶寄》卷四。
③ 计成著，陈植校注：《园冶》题词。

君之贵，而能造有富丽的华林园；晋代豪富石崇因富能筑柏木万株、江水环流，观阁、池沼、仙禽、游鱼毕具的豪华金谷园；而战国齐人陈仲子，安贫乐道，其所拥有的仅为陵地上的一小块菜园。这实际上是说明经济的决定性作用，设计需依财力而行。二是取决于人的审美追求与文化品格素养，"是惟主人胸有丘壑，则工丽可，简率亦可"①。若以陈设呈富贵则为人所诟病："世家大族，夷庭高堂，不得已而随意横陈，愈昭名贵。暴富儿自夸其富，非宜设而设之，置槭嶡于大门，设尊罍于卧寝：徒招人笑。"②

"宜"所包含的内容应是多方面的，作为设计所遵循的基本目标和尺度之一，其本质应该说是创造性的。李渔曾认为自己平生有两大绝技，一是辨审音乐，填词撰曲，无论新裁之曲，可使迥异时腔，即旧日传奇，亦能益以新格，别开生面。二是"创造园亭，因地制宜，不拘成见，一榱一桷，必令出自己裁，使经其地入其室者，如读湖上笠翁之书"③。因地是遵照自然条件、客观条件；制宜则是一种创造性设计。

2. "宜简不宜繁"

作为设计的准则之一，它既是经济的，又是审美的。李渔

---

① 计成著，陈植校注：《园冶》题词。
② 袁枚：《随园诗话》卷六。
③ 李渔：《闲情偶寄》卷四。

在谈及窗棂制作时认为："窗棂以明透为先，栏杆以玲珑为主，然此皆属第二义；其首重者，止在一字之坚，坚而后论工拙。"①在这种实用、坚实耐用的基础上再求其他。由此出发，总结其设计与施工的经验，他提出宜简不宜繁的原则："凡事物之理，简斯可继，繁则难久，顺其性者必坚，戕其体者易坏。"② 这自是从实用经济层面所作的考虑，而追求"宁古无时，宁朴无巧，宁俭无俗，至于萧疏雅洁"，趋达本性之真的境界，则可以说是审美的、人生的。从根本上说，设计之简、造物之简、构造之简、陈设之简，主要还是表现为一种审美和文化精神上的追求。从现有资料上看，明代的室内设计的整体风格便是"简雅"，其室内主要陈设的明式家具更可以作为典范。明代的卧室设计，如《长物志》所记，一般设卧榻一，榻前仅置一小几，几上不设一物；设小方杌二，小橱一；"室中清洁雅素，一涉绚丽，便如闺阁中，非幽人眠云梦月所宜"③。若另设小室为书房，室中仅设一书几，上设笔砚等物，设一石小几以置茶具，一小榻，以供偃卧趺坐。高濂所设计的书斋，其陈设为长桌一，上置文房器具；榻床一，床头小几一，中置几一，上可置山石盆景、陶瓷花瓶等物；禅椅一、笋凳六、书架一。可谓设置简便精当，素洁如冰玉，文人士子在此所寻求的是物外高隐、清心乐志，

---

① ② 李渔：《闲情偶寄》卷四。
③　文震亨著，陈植校注：《长物志校注》卷十。

诚如高濂所云："时乎坐陈钟鼎，几列琴书，榻排松窗之下，图展兰室之中，帘栊香霭，栏槛花妍，虽咽水餐云，亦足以忘饥永日，冰玉吾斋，一洗人间氛垢矣。"

明式家具的设计应是上述宜简不宜繁的设计观念的产物。明式家具简约至美的造型与样式成为我国家具发展史上的经典之作，虽然明式家具的种类千变万化，造型各异，而一以贯之的品格就是"简洁、合度"，并在这简洁的形态之中具有雅的韵味。

3."宜自然不宜雕斫"

"宜"的深一层内涵是以自然之美为化境。自然含有素朴、本性、本质之意，而相对于雕琢刻镂的繁饰。雕琢刻镂是装饰的一种手段或工艺方式，几乎从原始陶器等工艺起，雕镂工艺就开始发展起来，并逐渐广泛地运用于各种装饰的场合。鲍照在比较谢灵运和颜延之的诗时认为：谢诗如"初发芙蓉，自然可爱"，颜诗则是"铺锦列绣，亦雕绘满眼"，宗白华先生认为这基本上代表了中国美学史上两种不同的美感或美的理想，楚国图案、楚辞、汉赋、六朝骈文、明清瓷器、刺绣、京剧服装，是一种错彩镂金、雕绘满眼之美；而汉代铜器、陶器、王羲之书法、顾恺之画、陶潜的诗、宋代白瓷，则是"初发芙蓉，自然可爱"之美。在中国的室内设计的历史上，也大致存在着这两种不同审美向度的美，宫廷建筑的雕梁画栋、陈设的富丽奢华与民居、文人书斋的简朴萧疏构成了极为鲜明的对照。

"宜自然不宜雕斫"，明确表现出了设计者的一种审美选择与理想信念，即使有奢华为饰的条件亦不为之。李渔云："土木之事，最忌奢靡，匪特庶民之家，当崇俭朴，即王公大人，亦当以此为尚。盖居室之制，贵精不贵丽，贵新奇大雅，不贵纤巧烂漫。"亦即《长物志》所云："宁朴无巧，宁俭无俗。"

综上所述，"宜"是一种理性与感性追求的平衡，是实用价值与艺术审美价值实现的平衡，是设计师艺术与审美的自觉，亦是中国传统艺术精神的产物。

二 "删繁去奢" 与 "绘事后素"

"宜"在及物的层面上表现为一种实用的尺度，是体现设计之价值的标准之一，乃至是最根本的标准。但中国艺术历来讲求意境，讲究境界，作为生活的艺术和文化的环境艺术设计，人们最终寻求的实质上是生活的艺术化。通过造景而造境，通过适宜的生活场景、环境的建构，将自己的人格与精神追求物化于环境的艺术设计之中，使之成为其通向理想境界的基础。沈春泽在序《长物志》中写道，整部《长物志》仅"删繁去奢"一言足以序之。"删繁去奢"，也可以说是一种"适宜"，适文人精神之宜，但这仍是在及物和生活的层面上所言的，其思想底蕴即设计的最终出发点乃是"无物"的，心性的。清代文学大家袁枚《随园诗话》在议论诗之用典时有一段以室内陈设为引例的文字:"博士卖驴,书卷三纸,不见'驴'字,此古人笑好用典者之人语。余以为,用典如陈设古玩,各有所宜:或宜堂,或宜室,或宜书舍,或宜山斋;竟有明窗净几,以绝无一物为佳者,孔子所谓'绘事后素'也。"作为室内陈设,需宜设而设,书舍山斋堂室各有所宜,不可以随意横陈、愈昭名贵。宜设而设的宜人环境,尚未进入另一境界即"无物"之境。"明窗净几,以绝无一物为佳者",这在设计上可以说达到了一种饰极返素、归真返璞的境界,一种无物乃至无我的境界,即孔子所谓"绘事后素"的境界。

"绘事后素"语出《论语·八佾》:子夏问曰:"'巧笑倩兮,美目盼兮,素以为绚兮',何谓也?"子曰:"绘事后素。"曰:"礼后乎?"子曰:"起予者商也!始可与言诗已矣。"这一简短的对话,包含着非常丰富而深刻的思想内容,并内含着一个完全一致的逻辑关系。子夏设问以"素以为绚兮"为核心所在,前两句原出《诗经·卫风·硕人》篇中赞美庄姜其人的诗句。《硕人》通过一系列描写,状述庄姜的美,这种美不是修饰之美而是一种天生丽质之美,一种素朴无华又光辉灿烂的天然之美。"素以为绚兮"正是对"巧笑倩兮,美目盼兮"的总结与肯定,虽然素朴无华但看起来却是五彩缤纷、绚丽灿烂。诚如《庄子》所言"虚室生辉,吉祥止止"那样,孔子以"绘事后素"作答,意思是说，绘饰之事虽然华丽纷然，但却是外在的、人为的、添加的；与那种本质性的"素"相比，素外表上好像平凡无色，却是一种胜过绘饰的本质之美，一种真正的美。绘饰为文，素为质，因此，绘饰在本质上是不如素的，是后于素的。"绘事后素"的回答应从另一面肯定了和阐述了"素以为绚兮"的道理。《韩非子·解老》篇中有一段关于质与饰、礼与情之论的文字亦表达了同样的认识："礼为情貌者也，文为质饰者也。夫君子取情而去貌，好质而恶饰。夫恃貌而论情者，其情恶也；须饰而论质者，其质衰也。何以论之？和氏之璧，不饰以五彩；隋侯之珠，不饰以银黄。其质至美，物不足以饰之。夫物之待饰而后行者，其质不美也。是以父子间，其礼朴而不明，故礼薄也。……由是观之，礼繁者，实心衰也。"物若其质至美，便无须加饰，只因物之质有欠缺，才通过饰的方式进行弥补。礼用于规范人与人间的关系，亦是人与人关系中真情失缺的产物，人之真情不存，要进行社会交往，则须找到一种工具——礼，以礼来修饰填充这种关系。而父子之间，因其亲情（质）的深厚真挚而无须礼饰周至，"礼繁者，实心衰也"，因此，孔子说礼后，说绘事后于素。礼后即礼后于情，不如情。总之，"绘事后素"表达了孔子关于礼与仁、文与质、性与伪思想中对质、仁、性的重视与体认。袁枚所称许的"绝无一物为佳者"，《长物志》中删繁去奢的思想，都同样是对质、仁、性的重视与体认，这些必然是第一性的。

　　在室内陈设与装饰设计中，删繁去奢的思想还表达了文人士子们物于物而不为物役的理想品格。早在先秦时，庄子即提倡"无物累"，荀子更提出"重己役物"的思想，这是中国历代文人士子们所共同追求的，以至视图史、杯档之属为身外之"长物"，即使是室内外的装饰，乃至构园造屋，主要也是借物寄情，养性悦情。因此，文震亨认为室庐之制，"居山水间者为上，村居次之，郊居又次之。吾侪纵不能栖岩止谷，追绮园之踪，而混迹廛市，要须门庭雅洁，室庐清靓。亭台具旷士之怀，斋阁有幽人之致。……若徒侈土木，尚丹垩，真同桎梏，樊槛而已"。"总之，随方制象，各有所宜，宁古无时，宁朴无巧，宁俭无俗；至于萧疏雅洁，又本性生，非强作解事者所得轻议矣"。萧疏雅洁，实又到了比各有所宜更高的另一境界，即袁枚所谓的"绝无一物为佳"的境界。这是一种饰极返素、绚烂之极归于平淡的艺术化境。对于这一境界的体认，需要较高的文化修养和品格，是一种源于物而超

**图 5—29　《百美图》所表现的
明代室内陈设与家具**

越于物、源于饰又超然于饰、源于刻意又归于无意，归于本真、本性的东西，因而"非强作解事者所得轻议矣"（图5—29）。

三　因景互借与整体设计观

因景互借是中国环境艺术设计的传统方法之一。计成指出园林设计巧在因借，借是借外以补内，内外统一。《园冶·兴造论》云："借者，园虽别内外，得景则无拘远近，晴峦耸秀，绀宇凌空，极目至，俗则屏之，嘉则收入，不分町，尽为烟景，斯所谓巧而得体者也。"园林景观存在互借，居室、住宅、庭院的设计与陈设同样存有互借的问题。因景互借以至巧而得体，这实质上是一种整体设计观的产物。

从设计的发展史来看，人类的设计是经由点到面，由单件、个体、局部的设计而趋于作全面的整体的设计。在人类造物与装饰的初期，人为自己的设计仅是佩饰，由佩饰而及用具、工具进而延及住居。住居由陈设、室内装饰进而推及庭园推及室外，由平面至立体扩及更大的空间。环境艺术设计本身是一种空间的装饰艺术，空间的建构形式和范围是随着人类思维和对象领域的扩展而扩展的，而且这种空间范围的扩展一直伴随着某种审美疆域的扩大和精神追求的深度化，即在设计艺术成熟发展之时，人的精神追求亦在不断提升。室内外整体设计及整体设计观念的产生，与中国人的艺术追求和审美理想分不开。

在中国艺术中，尤为强调情景交融、情由景发。因而，其景常是以"画"或者诗的境界、格式来设计和建构的。借景以内合，作为一种整体的设计方法，首先是为了创建一种如画之境。李渔认为室内设计中的借景主要依赖于窗，"开窗莫妙于借景"，亦借景莫妙于窗。他居杭州西湖时，曾欲购一湖舫，以将舫的两侧设计两个便面形窗，"坐于其中，则两岸之湖光山色，寺观浮屠，云烟竹树，以及往来之樵人牧竖，醉翁游女，连人带马，尽入便面中，作我天然图画。且又时时变幻，不为一定之形……是一日之内现出百千万幅佳山水，总以便面收之"。在其室内观室外如画，而室外之人观舫及舫内亦如画："以内视外，固是一幅便面山水；而从外视内，亦是一幅扇头人物。"他曾亲自设计了一个独出机杼的"梅窗"，其窗框用古梅树干制成，顺其本来，不加斧凿，在框内循主干设置上下倒垂与仰接的侧枝，形成两株交错盘旋的梅树，并在其上饰剪彩之花，花分红梅、绿萼两种，缀于疏枝上，"俨然活梅之初着花时"（图5—30）。其居浮白轩时，因轩后有一小山，高不逾丈，宽

图5—30　李渔的"梅窗"

及寻尺，但却有茂林修竹、丹崖碧水、茅居板桥和飞禽鸣泉，坐对此如画之景，李渔将其窗按中国画装裱的方式，在上下左右各镶裱绫边，山景透过窗户，在室内观之，宛若一幅真山水画，其谓："是山也，而可以作画，是画也，而可以为窗"，坐观之，"则窗非窗也，画也；山非屋后之山，即画上之山也"。这一别出心裁的设计可谓"芥子纳须弥"，收万象于方寸之间，进而使物我交融，物我相忘，触景生情了。

整体的设计方法，又是整体的艺术观看方式，是艺术化的视觉接受方式。没有这种艺术化的观看方式与接受方式，这种整体化的设计即不会存在。犹如中国画中独有的散点透视和布局一样，环境艺术设计中的整体性即按照中国人所习惯的视觉接受模式和理解模式来建构，这种建构对应于、同构于人的心灵的接受模式。因此，建构画境，以至可游可居，其目的是为了使观赏者触目生情、顿生愉悦，即由画境进入情景交融的化境。

计成在论述借景时指出："物情所逗，目寄心期，似意在笔先"，这说明了物情相交、触目生情的必然过程，在这一审美的、观赏的过程中，观赏者的审美理想、对自然景物的认知得以触发并目寄心期地得以与环境交融，产生出新的审美感受，而这种感受似乎是"意在笔先"的，得自于眼前景物又超乎于其上和其外的一种化境的体验。因而这种化境及其体验是难以描述的。李渔的浮白轩的借景设计，与其说是创造了一种画境，不如说是建构了一种化境，如庄周梦蝶一般，以至窗非窗而成画，山非其山而成画中之山，我们在这里倒难以辨析这是观赏方式使然还是景、情互融使然了。

四 "能主之人"：设计与设计师

一件设计作品的优劣与否主要因素有两个，一是取决于设计，一是取决于制造或施工质量。而设计与施工均离不开设计师，即起决定性作用的是设计师。计成《园冶》称设计师为"能主之人"，《园冶》开篇立论的首句即论述设计师之重要："世之兴造，专主鸠匠，独不闻三分匠、七分主人之谚乎？非主人也，能主之人也。""三分匠、七分主人"中的主人，不是施工单位之甲方，而是"能主之人"，是能"定其间进、量其广狭、随曲合方"的设计师。设计师不一定自己操斧弄斤，但需"胸有丘壑"，"能指挥运斤，使顽者巧，滞者通"。设计师在设计和建造过程中的作用是"犹须什九，而用匠什一"，所谓"巧于因借，精在体宜"，实际上是设计师必须具备的思想和应追求的目标，是通过工匠的具体劳作而实现的设计蓝图。设计师虽无需实际操作，但对于设计的全局须胸有成竹。诚如唐柳宗元在《梓人传》中所称赞的梓人设计师那样，虽床缺足而不能理，但却精于设计之道，"画宫于堵，盈尺而曲尽其制，计其毫厘而构大厦，无进退焉"。

在手工业时代，设计师不仅作设计，还往往是施工现场的指挥者，其设计方案主要是通过现场安排布置予以实现，这一特点可以说是整个手工业时代设计和设计师的显著特征之一。从设计的本质和特征看，人类从最早的工具制造开始，设计就本质性地存在了，几乎一切人造物都可以说是离不开设计或者说是设计的产物。石器时代的石器工具，新石器时代的彩陶，铁器时代的铁器工具、武器、用具，都凝结着历代设计者和工匠们的智慧和心血。在整个手工业时代，产品的设计者与制造者乃至使用者、消费者往往是一体的，尤其是自制自用的手工业生产，如家庭纺织、刺绣、印染、编织、木工等等。在商品生产行业如陶瓷器的生产制造中，一部分产品的型制、装饰有设计的粉本，这种粉本有时犹如秘方在工匠中流传，是历代工匠、艺人、设计者历史经验与智慧积淀的产物。因此，在这种生产模式中，设计往往被模糊化了，设计的过程被制作者的工艺过程取代或同一化了，设计师独立存在的必要性也往往被忽视了。

但在建筑、园林、环境艺术设计方面，设计存在一个独立的过程，设计师的重要性受到尊重。文人士子历来只为帝王将相作传，唐代柳宗元为梓人作传，说明了人们认识到设计师的重要。《园冶》提出"工虽精瓦作，调度犹在得人"、"三分匠七分主人"等观点，应与唐代柳宗元注重设计、注重设计师思想是一脉相承的。《园冶》作者计成是一位"胸存丘壑"，能"从心不从法"的大设计师，他"少以绘名，性好搜奇，最喜关全、荆浩笔意，每宗之"。在经历一番游历燕、楚之地后，中岁时择居于江南润州（今镇江），偶应友人之邀垒石成"壁"，"俨然佳山"，而远近闻名，后又为武进吴公设计改造旧园，"搜土而下，令乔木参差山腰。蟠根嵌石，宛若画意；依水而上，构亭台错落池面，篆壑飞廊，想出意外"。从入园至出园仅四百步，而"江南之胜"尽收眼底。其后他又为人作了一系列设计，即便是"片山斗室"的小型建构，亦尽情抒发"胸中所蕴奇"，而驰骋大江南北，《园冶》当是其设计经验和成就的总结。

明清时期，在江南的苏州、常州、松江及扬州等地的诗人画家中，有许多人从事造园、造物的设计，除上述计成外，居于苏州的文震亨、久居南京的李渔、居于扬州的石涛，都是名副其实的设计师。诗文书画俱佳的文震亨，除大量的诗文书画著作外，亦有不少的设计作品，其可考者，据《吴县志·第宅园林志》记载，有苏州高师巷的"香草坨"，这是在原冯氏废园的基础上，重新设计的作品，其中有四婵娟堂、绣铗堂、笼鹅阁、斜月廊、众香廊、啸台、游月楼、玉局斋、乔柯、奇石、方池、曲沼、鹤栖、鹿砦、鱼床、燕幕诸景设计。文氏自己曾在苏州西郊构筑碧浪园，在南京寄居时置水嬉堂，退仕归田后又在苏州东郊水边林下经营设计了竹篱茅舍。其名著《长物志》中有关造园设计、室内设计、家具设计、衣饰、舟车设计的论述，与其自身的设计实践有极大关系。李渔也是明清之际著名的设计家之一，曾设计过功能独特的暖椅和凉杌，《闲情偶寄》不仅可看做其设计实践的总结，亦是其设计思想的结晶。著名画家石涛，也曾以造园设计著称于世，其设计的扬州片石山房被誉为"人间孤本"，至今尚存。

在设计史上，更多的佳作杰构没有留下设计师的名字。虽早在三代时即有"物勒工名"的规定，那也只是为了"以考其诚"，为了责罚和监督。留下名字的大多与文人有关，文人一方面参与设计，成了设计专家，一方面又可以靠自己的笔，对实践进行总结和描述。他们的设计，自然表现出一定的阶层意识和文士独有的审美品位。但不可否认的是，其中许多的设计经验、观念和思想是时代和社会的产物，凝聚着工匠艺人的智慧，因而具有民族艺术和设计文化的代表性。

作为设计师，必须具有统领全局、规划筹度、经营安排的本领；必须"胸存丘壑"，甚至能臻"从心不从法"的自由境地。计成、文震亨、李渔这些文人艺术家作为设计师，虽不执斤斧，但知悉工艺，又具有较高的文化素养和审美品格，有位置安排、经营全局的能力，因而在从事艺术设计时，能够得心应手，游刃有余。设计是一种规划筹度、经营安排的艺术，其

成败得失、品格的高下取决于设计师本身的素质。从我国当下
环境艺术设计的现状而言，一方面是大量的"装修"缺少设计；
一方面是有设计的项目往往难以达到应有的艺术水准和较高的
文化品位，这都与设计师自身的整体素质不高相关。

主要参考书目

1. The History of Interior Decorati，Charles McCorquod ale. Phaidan Press Limiteal

2. ［英］帕瑞克·纽金斯. 顾孟潮等译. 世界建筑艺术史. 合肥：安徽科学技术出版社，1990

3. ［英］罗宾·米德尔顿、戴维·沃特金. 徐铁城等译. 新古典主义与19世纪建筑. 北京：中国建筑工业出版社，2000

4. ［意］曼弗雷多·塔夫里、弗朗切斯科·达尔科. 刘先觉等译. 现代建筑. 北京：中国建筑工业出版社，1999

5. ［美］P. 戈德伯格. 黄新范等译. 后现代时期的建筑设计. 天津：天津科学技术出版社，1987

6. ［英］彼得·柯林斯. 英若聪译. 现代建筑思想的演变. 北京：中国建筑工业出版社，1987

7. 何镇强、张石红编著. 中外历代家具风格. 郑州：河南科学技术出版社，1998

8. ［英］比尔．里斯贝罗．羌苑等译．现代建筑与设计．北京：中国建筑工业出版社，1999

9. 王贵祥．东西方的建筑空间．北京：中国建筑工业出版社，1998

10. ［英］肯尼思·弗兰姆普敦．原山等译．现代建筑——一部批判的历史．北京：中国建筑工业出版社，1988

11. 朱伯雄主编．世界美术史（第十卷，上下册）．济南：山东美术出版社，1991

12. 王世襄．明式家具研究．北京：三联书店，1995

13. 田家青．清代家具．北京：三联书店，1995

14. 张绮曼主编．环境艺术设计与理论．北京：中国建筑工业出版社，1996

15. 刘敦桢主编．中国古代建筑史．北京：中国建筑工业出版社，1984

16. ［英］罗杰·斯克鲁登．刘先觉译．建筑美学．北京：中国建筑工业出版社，1992

17. 吴良镛．广义建筑学．北京：清华大学出版社，1989

18. 陈志华．外国建筑史（19 世纪末叶以前）．北京：中国建筑工业出版社，1992

19. 吴焕加．20 世纪西方建筑史．郑州：河南科学技术出版社，1998

后　记

　　20 世纪 80 年代开始的改革开放，使中国社会的政治经济等方面都发生了巨大的变化，经济的蓬勃发展，导致人们生活环境的改善和生活质量的提高，因此，环境艺术设计日益成为与广大人民群众生活密切相关的一种设计活动，并以前所未有的发展速度和不断变革，成为时尚的潮流。在今天，改善生活环境、提高生活质量几乎成为人们的共同目标，而环境艺术设计则是实现这一目标的具体手段和工具。

　　与遍及全国城乡的大规模建设和装修不相适应的是，我们对环境艺术设计还知之甚少，相当多的人在进行住宅装修时，不仅缺少自己的主见，提不出有价值有意义的要求，也不具备必要的知识和审美素质。因此，我们力图从理论和实践方面对环境艺术的基本性质、特点、范畴和具体的操作要求进行探讨和表述，并通过中外环境艺术设计历史的简述，提供有益的启示。从而，一方面帮助我们了解环境艺术发展的历史，增加这方面的知识；另一方面对于提高审美修养和艺术鉴赏力有所帮助。

本书和它的姊妹篇《空间的灵性》的作者都是从事环境艺术设计的专业设计师，都具有专业研究生的学历，在设计工作中他们注重对环境艺术设计理论的思考，两书可以说是他们的积极探索的成果。具体写作分工是：

《空间的灵性》：

李瑞君，第1、4、5章；

张石红，第2、3章。

《雅室·艺境》：

梁　冰，第5章第一节至第四节；

李砚祖，第5章第五节；

李瑞君、涂山、张石红、江坚合作撰写了第1、2、3、4章；

江坚为这几章的撰写提供了有关翻译资料。

两书由主编李砚祖修改统稿。

两书从拟写大纲到最终完成经历了数年时间，除作者工作忙等原因外，撰写的难度大也是其中一个原因。我国的环境艺术有悠久的历史，在20世纪80年代改革开放以后，进入一个新的发展阶段，设计实践面广量大，有许多佳作杰构，但其理论研究的著作却十分缺乏。撰写这本既包括一定理论又包含设计史内容的著述难度是比较大的。在此，需要说明的是，关于国外设计史的部分，主要参照和引用了国外关于室内设计史的著述，尤其以查尔斯·麦克奎戴尔著述的《室内装饰史》为主要资料来源。在国内相关资料或缺的情况下作一初步介绍，只能是聊胜于无吧。但限于水平，其翻译引用仍多有舛误，全书因分工写作，虽经统稿，但仍不尽如人意，恳请大家批评指正，以便今后能修改得好一些。

李砚祖

图书在版编目（CIP）数据

雅室·艺境：环境艺术欣赏/李砚祖主编；李瑞君等编著. —北京：
中国人民大学出版社，2017.8
（明德书系. 艺术坊）
ISBN 978-7-300-24675-8

Ⅰ.①雅… Ⅱ.①李…②李… Ⅲ.①室内装饰设计-研究 Ⅳ.①TU238

中国版本图书馆 CIP 数据核字（2017）第 168851 号

明德书系·艺术坊
雅室·艺境：环境艺术欣赏
李砚祖　主编
李瑞君　梁　冰　张石红　涂　山　编著
Yashi·Yijing：Huanjing Yishu Xinshang

出版发行	中国人民大学出版社	
社　　址	北京中关村大街 31 号	**邮政编码**　100080
电　　话	010 - 62511242（总编室）	010 - 62511398（质管部）
	010 - 82501766（邮购部）	010 - 62514148（门市部）
	010 - 62515195（发行公司）	010 - 62515275（盗版举报）
网　　址	http://www.crup.com.cn	
	http://www.ttrnet.com(人大教研网)	
经　　销	新华书店	
印　　刷	涿州市星河印刷有限公司	
规　　格	148 mm×210 mm　32 开本	**版　次**　2017 年 8 月第 1 版
印　　张	10.875 插页 2	**印　次**　2017 年 8 月第 1 次印刷
字　　数	189 000	**定　价**　49.80 元